U0004953

打造你的TERRARIUM

生態瓶&微景觀玻璃盆景

小山映子
羅如蘭／著

晨星出版

目次

1
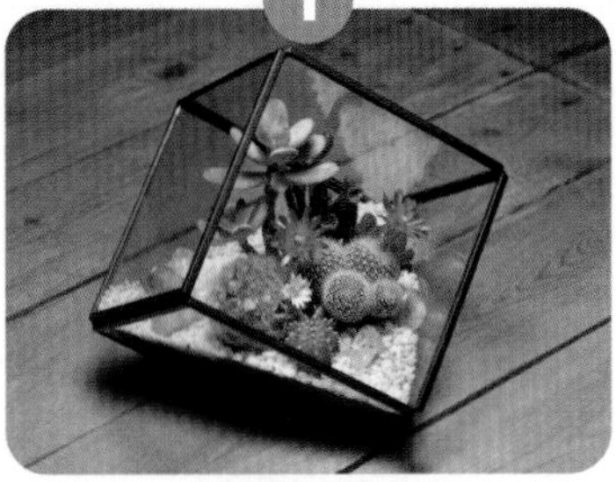

2
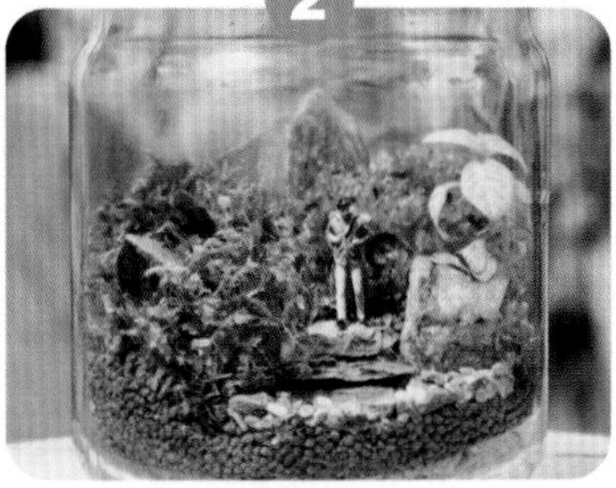

3
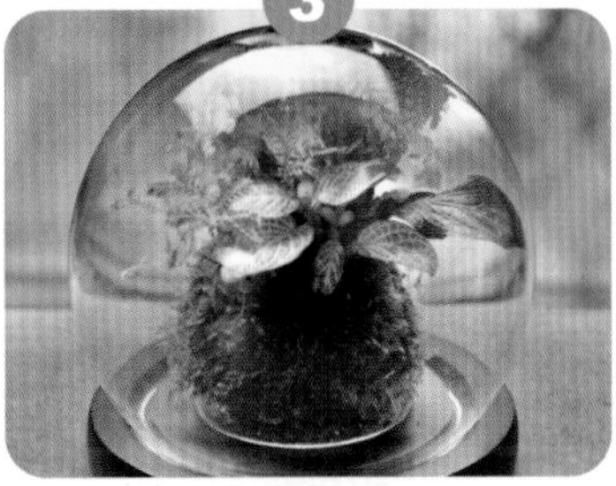

4
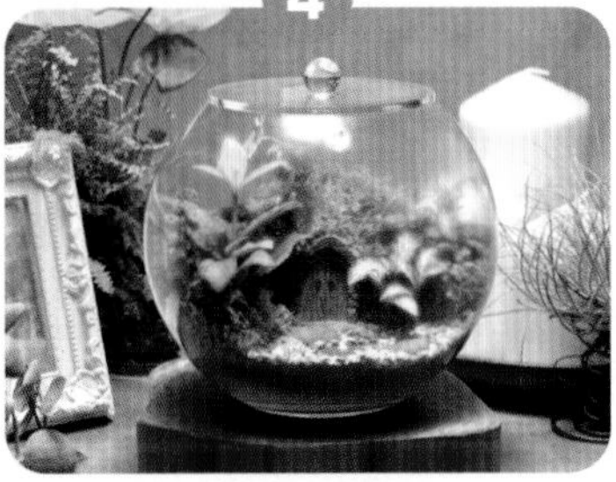

5
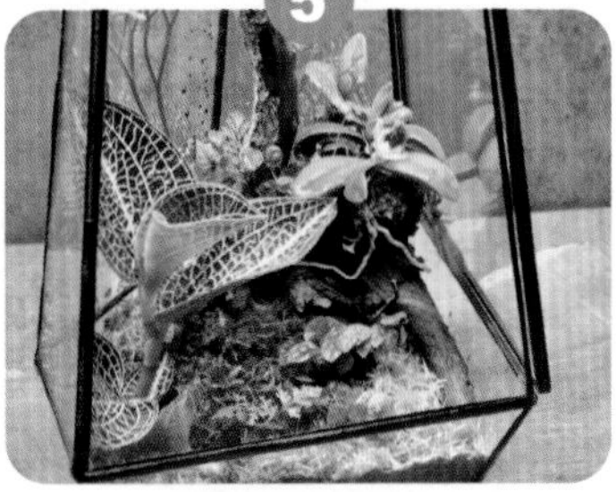

6
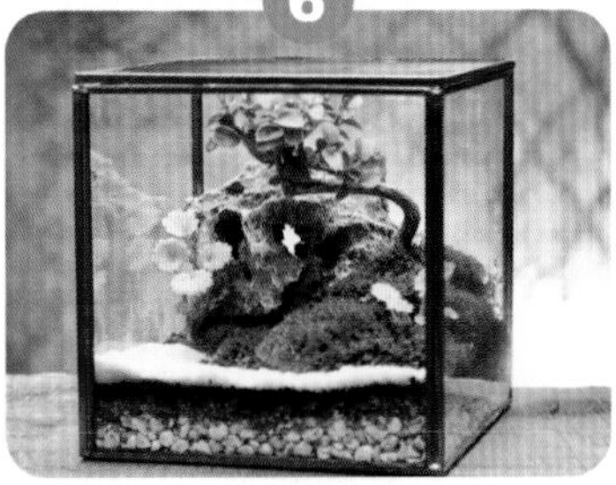

7
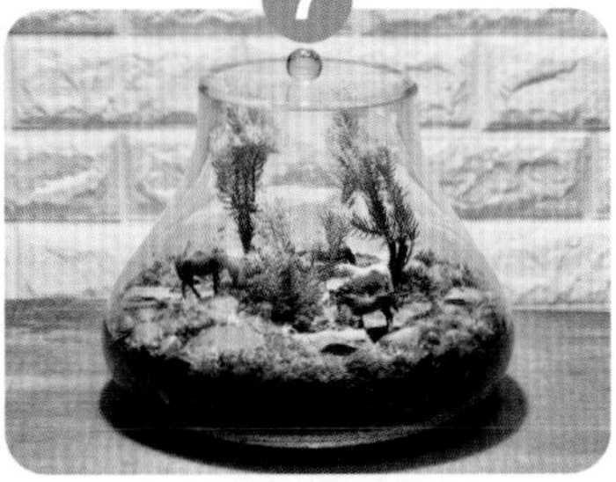

8
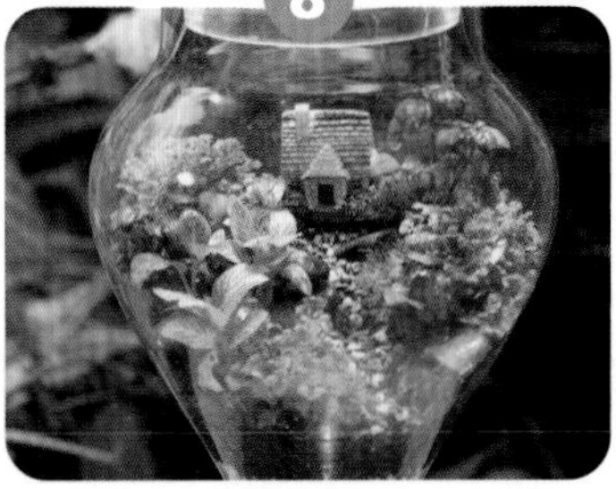

9
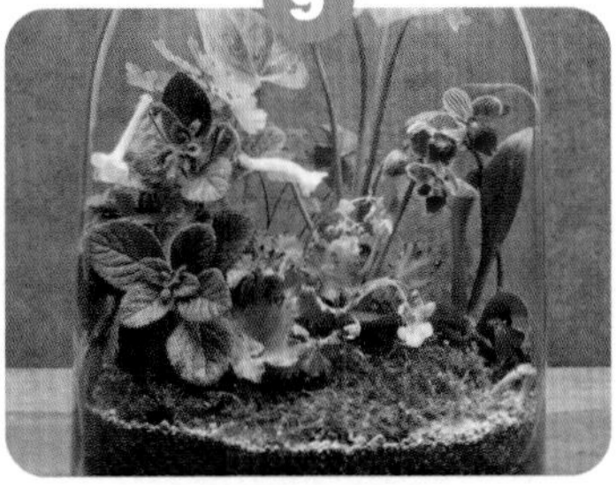

10
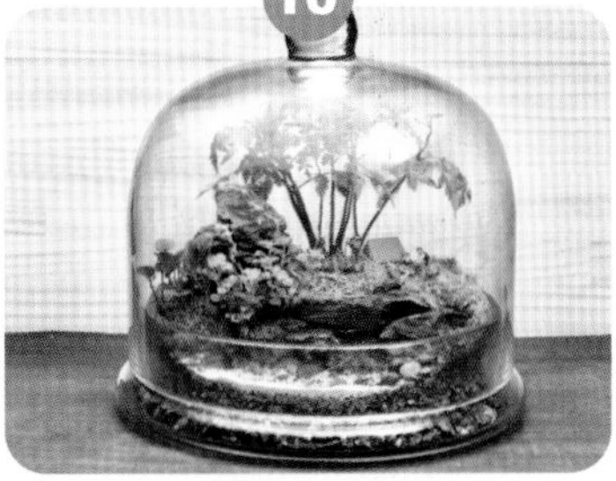

CHAPTER5
高階作品示範　103

作者序

寫這篇序言的時候，在愛盲基金會的連續課程正要告一段落。新書即將出版，心裡當然高興，更開心的是摸索出引導視障朋友做瓶中花園／生態瓶的方法和心得，讓本已熟悉的教學工作有所突破，內心更是充滿感激。

對一個半路出家的外行人來說，成立一個專門教學製作瓶中花園／生態瓶的植栽工作室，堪稱高難度任務，如果不是因緣際會，天助人助，十年當中任何一個關卡都可能走不下去。

猶記得十年前植物燈並不像現在這麼普及，瓶中植物常因光線不足而死亡，十年前也沒有這麼多人工培育的苔蘚可以當作素材，更不用說如此多類型的植物和玻璃瓶可以創作。現在，瓶中花園／生態瓶這種栽培法已被普遍認可，市場也已起步，但剛開始的時候，多數人認為它只不過是個噱頭而已。

當瓶中花園／生態瓶逐漸脫去新奇的外衣，就開始流露出它非常適合園藝新手的本質。人們可以從觀察開始認識植物，在玻璃瓶裡看到嫩芽和根系的真實狀態，在自家桌上就能感受到植物欣欣向榮的生命力。對於空間狹小的現代人來說，真的非常適合，因此在疫情期間尤其受到歡迎，瓶中花園／生態瓶陪伴許多人度過一段困難時光，也逐漸開始流行起來。

綜觀國內關於瓶中花園／生態瓶的專業書籍，大多以外國經驗的翻譯書籍為主，而且多數集中在苔蘚類，因此尚缺一本分享在地經驗，並以植物為主的專書。希望這本書能補足這個缺口，讓新手愛好者更容易上手。

為了準備撰寫這本書，我整理了多年教學經驗並參考各種教科書理論，分別在港都社大和工作室開設的帶狀課程中試教，花了一年的時間了解學員吸收和理解程度後才動筆。希望這本書可以讓讀者從任何一頁開始看，找到任何一個款式開始試做，往前翻即可以了解基本的原理和所需材料，往後翻可以明白更深入的照顧方法和植物特性，能夠淺出，也能深入。

200 年前華德醫生發明 Wardian Case（瓶中花園 Terrarium 的前身）並大力推廣的初心，是因為看到都市生活遠離自然的危害，希望藉此有益人們身心健康。對現代人而言，瓶中花園／生態瓶可以減少照顧植物的負擔，又能感受植物的陪伴及其無與倫比的生命氣息，進一步學習認識植物，尊重植物的生命型態，最終能夠開展出照顧植物的意願和樂趣，擁抱生活。如何應用瓶中花園／生態瓶，照顧社會不同族群的需求，融入我們的在地生活？應該是下個階段可以探討的議題。

希望大家可以從這本書開始，先追求養得活，然後養得好，再進步到養得美，最後養得療癒。

最後，衷心感謝我的老師，引領我走上正確的道路。

CHAPTER 1 瓶中花園是什麼

瓶中花園是指將植物和苔蘚種在玻璃瓶裡，保持溼度，方便觀察，減少照顧的一種栽培方式。加入創意組合造景，就能變化出各種迷人的小宇宙。

由於這種栽培方式很乾淨，節省資源，貼近生活，低度照顧，又非常個性化，十分符合現代人的生活型態，因此越來越受到喜愛。

| 改變人類歷史的華德箱 |

英文叫做 Terrarium 的瓶中花園，在中文世界出現的時間並不長，所以還沒有一個統一的稱呼。生態瓶、玻璃植栽、玻璃花房、水晶花園、溫室瓶等，指的可能都是它。現代的瓶中花園（Terrarium）其實是從約莫 200 年前的華德箱（Wardian Case）演變而來。

西元 1829 年，英國倫敦的一位醫生 Nathaniel Bagshaw Ward 在無意間發現，放在窗邊的封閉玻璃瓶中竟然長出了小草和蕨類。他觀察到瓶中水氣循環，使土壤保持溼潤，差不多一個星期後，土中就冒出小芽，其中一棵是蕨類，一棵是早熟禾，它們存活了四年，期間早熟禾還開過花，最後因爲瓶子意外滲入雨水而死亡。

Dr.Ward（華德醫生）後來用木頭、玻璃和密封用的煤油灰打造了一個玻璃箱，以他的姓氏命名，稱爲 Wardian Case（華德箱）。華德醫生展開一連串的實驗，證明植物確實可以在密閉容器中存活，也禁得起各種氣候的考驗，在歐洲的嚴寒氣候中爲植物保暖，也可以隔絕空氣汙染的影響，增加植物存活率，他甚至寫了一本書《On The Growth Of Plants In Closely Glazed Cases》來推廣這種栽培方法。

▲ Dr.Ward 撰寫了《On The Growth Of Plants In Closely Glazed Cases》這本書來推廣於密閉空間種植植物的方法。

當時的歐洲正好流行養殖蕨類和苔蘚（歷史上稱爲「蕨類狂熱」），人們在假期間到鄉野採集，被認爲是有益身心健康的活動。將所採集的植物帶回家中養殖，華德箱正好派上用場，因此廣爲流行。

華德箱有將近 100 年的時間用於海上貿易運輸植物種苗，促進世界各大陸的經濟作物交流。當時英國是殖民大國，它們用華德箱將中國的茶葉，不同品種的香蕉，以及在英國培育的橡膠苗等經濟作物，運送到亞熱帶的殖民地種植生產，徹底改變了世界的人文經濟面貌。

| 原理與類型 |

瓶中花園運作的原理其實就是植物的生命活動，可以用兩個簡單的公式來歸納：

光合作用	$12H_2O$（水）＋ $6CO_2$（二氧化碳）＋ 光能 ▼ $C_6H_{12}O_6$（葡萄糖）＋ $6O_2$（氧）＋ $6H_2O$（水）
呼吸作用	$C_6H_{12}O_6$（葡萄糖）＋ $6O_2$（氧） ▼ $6H_2O$（水）＋ $6CO_2$（二氧化碳）＋ 能量

在公式中可以看到，植物於光合作用和呼吸作用產生的 H_2O，剛好可以用來啓動它的光合作用（12=6+6），只要有充分的光能，在封閉環境中，植物可以自行產生水分（H_2O）且不會散失，一直循環使用。如果沒有蓋蓋子或封閉起來，阻止植物自行產生的水分流失，我們就必須爲它澆水，要是沒有澆到剛好的分量，就會缺水或積水。

•CHAPTER 1 瓶中花園是什麼•

這樣的歸納或許過於省略，但仍然可以看出不同類型的瓶中花園，其照顧方式也有所不同。在光線條件充足的情況下，開放式瓶中花園要按照植物需求給水，密閉式瓶中花園則能自行產生足夠的水，但由於密閉緣故，要避免放在溫度過高的環境。介於兩者之間的半開放式，採取使用不完全密合的上蓋或增加氣孔，使苔蘚這類瓶中植物能夠處於既透氣又保溼的環境，減少給水頻率。

▲密閉式瓶中花園只要光線充足，就能自己產生足夠的水。

▲開放式瓶中花園需要人工判斷，經常給水。

| 像地球一樣的運作原理 |

根據華德醫生的觀察，瓶中土壤一直維持著溼潤狀態，所以能讓草籽發芽、蕨類生長，剛好印證植物的生命活動公式，存在著恆定的水循環，這就是密閉式瓶中花園的祕密，也是地球的運作原理。在臭氧層和大氣層的包覆下，地球上的植物接收太陽光能所產生的水氣，不但沒有散失，還轉化成雲、雨等各種型態，滋養其他生命，不斷循環，生生不息。

CHAPTER 2 前置作業

開始製作瓶中花園，需要準備以下五種材料：

1. 透明容器
2. 基本工具
3. 乾淨的介質
4. 植物素材
5. 裝飾的石頭或擺飾。

這五大部分都能有許多變化，

使得每個瓶中花園的組合都是獨一無二的。

| 透明容器 |

在選擇透明容器時，應優先考量透明度和耐用性。除非是高級壓克力製作的壓克力製品，否則會有材質老化等使用年限問題。PVC 罐雖然很便宜，但長期暴露在光照下容易龜裂，因此玻璃製品依舊爲製作瓶中花園的首選。

▲有蓋容器適用於創作密閉式瓶中花園。

▲無蓋容器適用於創作開放式瓶中花園。

玻璃瓶可重複使用。在使用舊玻璃瓶製作瓶中花園時，要確定玻璃瓶已經清潔乾淨，例如玻璃罐上的商品標籤已經撕掉並去除膠痕，不再有阻擋視線之物。

瓶中花園之所以能夠低度照顧，有一個重要的原因就是因爲玻璃爲透明狀，看得見植物狀態和土壤溼度等等，如果容器本身有阻礙視線之物，就會影響我們對植物的觀察與判斷，因此玻璃瓶的選擇最好是無色透明而非彩色。

複合材質中，像是玻璃、鋼鐵，或是木頭與水泥的結合，只要保留玻璃透光性，即不影響植物生長，用來製作瓶中花園，也有其獨特美感。若因部分視線不可見，如底部水泥無法看見土壤溼度，可能增加照顧難度，使用時應有所衡量。這類容器同時可能有密合度的問題，例如鑄鐵玻璃無法完全密合，水分會漸漸流失，這時可增加給水頻率，使用上也應注意。

現代生活中充滿各種玻璃容器，瓶中花園專用的玻璃器皿反而少見。其實只要稍加改造，不論食器、玻璃杯、儲物罐、花瓶、果醬罐、藥罐、燒杯等，甚至是舊魚缸，都可以變身爲美麗的瓶中花園。

TIP 沒有蓋子怎麼辦？

如果要利用生活周遭垂手可得的玻璃瓶來製作密閉式瓶中花園，通常它們會只缺一個蓋子。替代蓋子的物品其實很多，例如玻璃盤，實驗室使用的裱玻璃或培養皿、壓克力板、裁切玻璃、軟木塞、透明塑膠片，甚至是保鮮膜。

TIP 玻璃瓶的清理

瓶中花園最環保的部分就是玻璃瓶可以重複使用。不論玻璃瓶原來是裝什麼內容物，只要經過適當清洗，就可以用來製作瓶中花園。玻璃瓶內的殘留物先用清潔劑清洗乾淨，如果要使它看起來更加光亮透明，可以再用白醋清洗。因為舊玻璃瓶通常會殘留一些水垢，看起來灰灰霧霧的，白醋清潔效果很好。

倘若玻璃器皿殘留了很多水垢，特別是像魚缸或水瓶，瓶身有一圈白色厚重的汙垢，那麼清洗起來就會有點麻煩。這時建議可使用冰醋酸來清洗，只需稍加稀釋後浸泡玻璃瓶即可幫助溶解汙垢。或使用類似砂紙作用的「水垢板擦」刮除局部的厚重水垢。介於輕微和嚴重之間的水垢，可用酵素清潔劑或專門針對水垢的清潔劑來清洗。

品質太差的玻璃容易附著水垢且難以清洗，若玻璃瓶因不當使用而導致水垢累積到無法透視，建議不要使用。

▲舊玻璃瓶上殘留的水垢，可使用白醋清洗。

| 基本工具 |

製作瓶中花園，基本上就是在玻璃瓶裡種植植物。如果玻璃瓶口很寬，能夠容下雙手作業，幾乎能夠不使用工具，只要戴上手套，避免植栽土壤中有小蟲或病菌感染皮膚即可。但若是瓶口較小或者需要較精細的造景，那麼就必須使用工具代替雙手。

高度 15 公分以下的瓶子，可以用免洗筷和免洗湯匙替代，高度 20 公分以上的瓶子，就一定要使用到長夾和長漏斗了，而且長柄不鏽鋼湯匙也會比免洗湯匙好用許多。

在瓶中整理介質和利用土壤固定植物時，會需要一支筆刷或毛筆。筆刷的木棍尾端和長柄湯匙的湯匙頭一樣都可以用來壓緊土壤，幫助植物固定。

開口較小的狹長瓶子，例如口徑只有 6 公分的柱狀玻璃瓶或實驗瓶，用彎嘴長夾會比較容易施作。口徑 8 公分以上的瓶子，用尖嘴直夾就行了。種植苔蘚這類的迷你植物，用小號的尖嘴鑷子，搭配小號漏斗使用，操作上會更爲順手。

考量到不同的給水方式，噴瓶以及注水器這 2 種澆水器都會派上用場。噴瓶可以製造空氣溼度，且較能控制水量，適合密閉式瓶中花園。注水器則是直接澆灌土壤，對開放式瓶中花園而言，有助於維持土壤溼度，缺點是較難控制水量，因此最好是看著注水器的刻度或留意土壤顏色變化，慢慢給水。

管理瓶中花園時，會用到不同的工具，例如使用 27cm 的彎嘴剪才能修剪較高瓶子內的植物，整理苔蘚則需要更細小的夾子和剪刀。

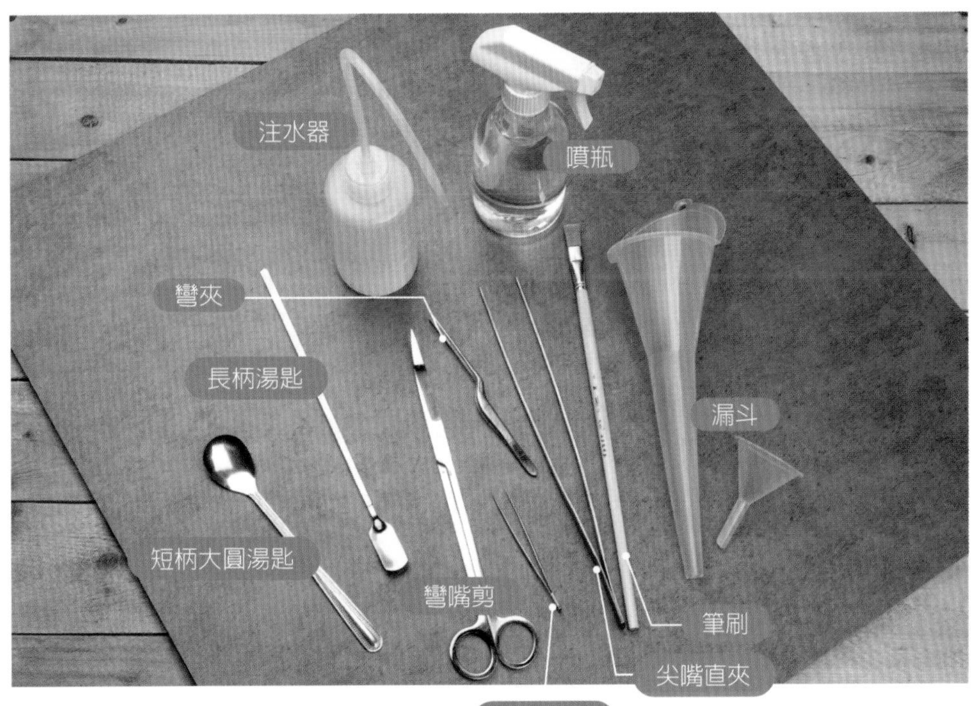

| 乾淨的介質 |

●第一層：排水層

製作瓶中花園時，玻璃瓶內第一層要鋪設顆粒較大的石頭作爲排水層，避免瓶底積水傷害到植物根系，藉由這層介質創造出來的孔隙，幫助瓶底空氣流動，也有益植物健康。介質本身就有比較多孔隙的，像火山岩、發泡煉石等就是很好的選擇。較堅硬的石材，如麥飯石，也可以經由堆疊的顆粒之間創造出縫隙，而且麥飯石本身還有淨化水質的功能，特別有利於瓶中花園的水循環。

火山岩是地殼岩漿噴發到地面遇空氣冷凝而成，岩石有許多孔隙，較一般石材為輕，但質地堅硬不易崩解，富含微量元素，具有透氣、保肥、保水、養菌等多種功能，還能淨化水中雜質。

* 火山岩有白、黑、紅 3 種顏色，也有不同顆粒大小。

發泡煉石是類似陶土高溫燒製的顆粒，內部蓬鬆，有非常多氣孔，可保水通氣，質地堅硬，長期使用也不會破碎，是園藝店容易買到的介質。通常有大、中、小等 6 種不同尺寸的顆粒，瓶中花園可按照玻璃瓶尺寸選擇中顆粒或細顆粒。

麥飯石屬於火山岩類，是具有一定生物活性的複合礦物，也是藥用岩石。富含微量元素，也有很強的吸附作用，可以淨化水質、平衡土壤的物理機能。
不同國家出產的麥飯石外觀不同，也被製成各種不同顆粒大小的素材使用。

●第二層：鋪設活性碳

第二層鋪設活性碳，主要有「吸附」與「固碳」兩個作用，以維持瓶中生態穩定。組成活性碳的微晶碳呈不規則排列，有很多氣孔，因此可以吸附比它表面積還要多的粉塵。活性碳通常被用來當作濾材，可以過濾水質或淨化空氣。

活性碳在瓶中花園幾乎可以說是必要的存在，因爲植物根部會分泌出不同的化學物質，有些會互相排斥，有些會改變土壤成分，爲了讓多數植物能在封閉或無法排出代謝物的玻璃瓶中和諧相處，我們利用活性碳來「吸附」這些化學物質，讓瓶中生態盡量達到平衡。

雖然木炭或竹炭也有淨化和吸附作用，但因活性碳的製造過程十分複雜，且經過活化步驟，因此它的吸附能力是木炭和竹炭的 2 ～ 3 倍，孔隙面積則是木炭和竹炭的 10 ～ 20 倍，爲製作瓶中花園的優選。同時，活性碳可以選擇適中的顆粒來作爲瓶中花園的底層鋪料，大小平均，使用便利，但木炭的形狀就比較不規則，顆粒粗細差別較大，鋪設起來容易不平整。不過，新購買的活性碳表面會帶有較多的鹼性粉塵，爲避免影響瓶中環境的酸鹼度，建議清洗過後再使用。

至於目前流行的生物碳部分，因其含有鹼性與肥分，固碳力雖好但吸附力不如活性碳，使用於大面積的開放空間和盆栽會更優於密閉式的瓶中花園。

●第三層：選擇土壤介質

第三層建議以酸鹼平衡的原則來選擇瓶中花園的土壤介質。瓶中花園最常使用的赤玉土是弱酸性，如果使用泥碳土，也要選擇調合過的中性泥碳土（PH 值盡量接近 7）。

泥碳土來自世界各地低窪地區，沉積在沼澤的苔蘚或蘆葦等植物，經過非常久遠的時間變成泥炭層，在這個高壓缺氧的環境中，很難滋生病蟲害，所以泥碳土非常乾淨，且含有較高的有機質，是其優點。

然而由於泥碳土非常保水，人工調節溼度難度較高，且其土壤內含較高的有機質，在高溫溼熱的情況下，很可能使微生物過於活躍，增加瓶內植物感染的機率。

▲泥碳土用於瓶中花園的造景時須注意，它在潮溼的狀態下具有相當的黏性，然而水分太多時卻會失去支撐性，變成糊狀；太乾則會收縮變硬，甚至無法吸水。

赤玉土是火山灰經由人工高溫燒製而成的顆粒狀土壤，因此它既富含火山灰的微量物質，也有較高的透氣性，保水、保肥性亦佳，土壤顆粒長期使用也不易破碎，是最受歡迎的介質之一。由於是高溫燒製，所以赤玉土也是無菌的。

在瓶中花園使用赤玉土還有一個最大的優點，就是可以觀察它的外在變化來了解瓶中溼度。赤玉土遇水顏色會變深，吸飽水的赤玉土顆粒會膨脹起來，顆粒間的縫隙也能夾帶水分形成水珠，這樣就能觀察到瓶中土壤含水量程度，以判斷水是否太多或太少，有無需要給水，甚至是給多少水。

以赤玉土爲基底，加入顆粒的珪藻土和蛭石，等比例混合爲多肉專用土（在本書簡稱混合土），特別適用於開放式瓶中花園，種植仙人掌、雨林植物時皆可搭配使用。

赤玉土的顆粒形成無數孔隙，涵養水分，能誘發植物的細根生長，在透明的玻璃瓶就能清楚觀察根系生長狀況，這對還不太擅長種植的園藝新手來說，便於學習。

珪藻土的疏水特性可以防止植物根部腐爛，蛭石也是輕盈透氣的材質，很適用喜愛潮溼但根部需要透氣的秋海棠、鐵線蕨等植物。

●隔層：水苔、不織布、細石頭

如前所述，在封閉的瓶中環境盡量選擇乾淨（無菌）、透氣性好、吸附能力強的介質。爲延長這些介質的功能，可以在鋪完第一層的排水層和第二層的活性碳之後，增加一個隔層，再鋪第三層土壤，避免細碎的土壤包覆到活性碳和排水層顆粒，堵塞孔隙，抑制它們的作用。這個隔層的質地，可以是泡溼的水苔、不織布、麻布或者是可以封住縫隙，避免土壤往下掉落的細小石頭。

俗稱的水草是活水苔（一種苔蘚）乾燥後製成，所以又稱「水苔」，爲一種保水又通氣的介質，最常用來種植蘭花。乾燥時觸感較硬，浸泡溼潤後變得柔軟就可以使用了。在製作大型瓶中花園時，水苔很適合用來作爲隔層，缺點是長時間溼熱可能滋生藻類，影響美觀。小型的瓶中花園使用水苔當隔層，則可能把土壤和介質層墊得太高，壓縮到植物生長空間。由於水苔十分保水，在小玻璃瓶裡的含水比例太高，形成較高溼度的環境，可能不適合某些植物。

▲把不織布或麻布剪成玻璃瓶底的大小當隔層，幾乎看不見它的存在，卻能發揮防止土壤掉落排水層的功用。瓶中植物的根部往下生長時，還是能穿透不織布。

COLUMN

矽藻素

如果要營造一個不會長蟲的環境，可以在土壤表層撒上一層矽藻素。矽藻素是用矽藻土磨製而成的粉末，矽藻土是一種沉積岩，由矽藻的細胞壁沉積而成。在高倍數顯微鏡下可以看到，矽藻素帶有玻璃狀的銳利突刺，當昆蟲與其接觸時，昆蟲表皮將會被刺穿，逐漸脫水而死。這是一種機械防治蟲害，無毒且很安全。矽藻素還能避免土壤酸化，既防蟲也能維持瓶中生態的穩定。

矽藻素的防蟲作用可以維持數月，可在每次整理瓶中花園時繼續使用。本書示範作品時，不一定在一開始鋪設介質時使用矽藻素，在鋪設苔蘚時，甚至作品完成、修復整理時都能使用。只要用筆刷輕沾粉末，灑在土層上或苔蘚上，噴水融進土壤層，即能發揮作用。

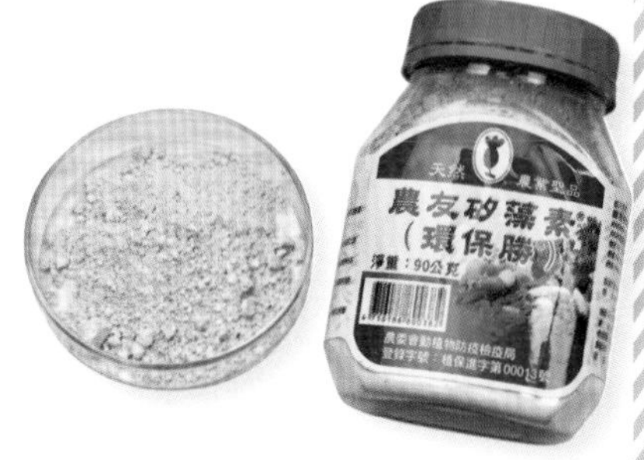

矽藻素輕灑在土壤表層，噴水就會融入土中。若不慎沾到葉片時，有可能很長一段時間看起來都白白的。

| 植物素材 |

在挑選植物素材之前，我們應該已經準備好想要製作瓶中花園的容器，確知玻璃瓶的大小，並決定好要製作開放式或密閉式，才能開始選用植物。合植的原則是同類型或習慣相近的植物種在一起。有些植物不適合密閉式，例如多肉植物；有些植物較不適合無包覆的開放式，例如萬年松、寶石蘭、某些蕨類和苔蘚等。把性情完全相反的植物一起種在瓶中，會增加照顧的難度，不易成功。因此在選用瓶中花園的植物之前，應該對適合的植物類型和屬性有粗略了解。

基本上瓶中花園都是在室內觀賞，所以不論開放式或密閉式，最好優先選擇室內植物，半日照植物或陰性植物等低光照植物，大部分的雨林植物都很適合密閉式瓶中花園。

開放式瓶中花園則可按照玻璃容器的包覆性不同（越包覆越保溼），選擇少澆水愛溼氣的雨林花卉如蘭花、空氣鳳梨等，或者少澆水又較耐陰的仙人掌組合。當然，也可種植喜歡高溼多水又怕悶熱的苔蘚和蕨類植物。

類型一：適合開放式瓶中花園的 10 大優選植物。

類型二：適合密閉式瓶中花園的 10 大優選植物。

剛開始製作瓶中花園，很容易選錯植物的尺寸。若無法判斷玻璃瓶是否裝得下所選植物，那麼直接拿來比對即可，否則就要測量一下玻璃瓶，然後帶著尺出門選購。若要製作密閉式作品，就不能選擇會超過瓶身高度的植物，否則瓶蓋會闔不起來，除非可以修剪植物。

此外，玻璃瓶內還要預留植物生長的空間。有的植物去除塑膠盆裡的培養土後，根團很小，高度會變矮，有些則不然。總之，選擇密閉式瓶中花園的植物素材，建議盡量選小一點的，或者選用較大瓶子，挑選植物的自由度才會跟著放大。至於要種多少種植物的密度問題，建議新手從較低的植物密度開始，等到種植技巧提升，能夠妥善安排植物的葉片和受光位置，屆時再種得較為密集亦無妨。

植株整理技巧

通常我們從花市或園藝店取得的植物都有一定規格，例如一個 3 吋塑膠盆裡，會有好幾株一樣的植物，較少見到一小盆只有一株植物的小苗盆。培養盆中的植物要經過適當處理後，才能種進瓶中花園。因為瓶中空間較小，未必能一次種進整盆植物，而且也不能將培養盆的土壤直接倒進瓶裡，因為此舉可能會將汙染源帶進瓶中。有時我們希望將好幾種植物或苔蘚合植在一起，以讓造景顯得更加豐富，這時就需要預先處理植物，製作為可以種進瓶中花園的素材。以下介紹製作瓶中花園前的素材處理技巧。

STEP 01

脫盆去土

在花市能買到的3吋盆植物，只要輕捏幾下塑膠盆，讓植物的根部土團和塑膠盆稍微鬆開，然後將植物體傾斜，就能順利把塑膠花盆取下，剩下裸露著根部土壤的植物。

STEP 02

將盆中植物分株

接著從根部將所選定的植株分開。小植物可能是好幾株種在一起，每一株都有獨立的根系，比較容易從土團中將它們的根系分開，而且可能會帶著部分土壤。

若是側芽，可以用乾淨的剪刀把子株和母株相連的根部剪開。有時子株已經很成熟，甚至成為叢生的一部份，就要稍微用力，順著根勢才能把植株分開。

STEP 03

洗根

由於不確定植物根部土壤是否乾淨，為避免感染，分株後的植物在移植前，可先將其根部泡一下水（洗根），這樣即能脫去大部分土壤，且不會傷害到植物根部。

如果要使用整盆植物，在洗根前，可先用手剝除部分已經鬆動的土壤，剩下的土壤再泡水洗掉。植物根系老化或土團很硬，也可直接泡水以方便脫土。請注意，該過程並沒有要將植物根部洗得很乾淨，只是剝除大部分的土壤而已，即使殘留一些土壤也無妨。如果能分辨哪些是植物老舊枯朽的根系，在這時候也可順便修剪。

分株之後的素材要盡快移植，也要盡速復原母株。沒有用完的植物切記要重新種回盆中，覆蓋好土壤，並不定時給予 B-1 營養液，以增加活力，促進根系再生。要在瓶中花園成功養出生態系，健康的植物是最重要的。

COLUMN

用分株和扦插取得迷你素材

如果想要製作有微景觀的瓶中花園，又不容易買到迷你素材時，有幾種方式可以取得。

1. 分株：如前所述，在盆栽裡找母株增生的小側芽。蕨類、合果芋等植物都很容易發現。植物側芽通常都已經具備根、莖、葉，可以獨立生長，但仍要避免挑選過於幼小的植株，不易存活。

分株。

2. 扦插：一種植物的無性生殖方法，通常取頂芽或腋芽，至少帶有 1 ～ 2 個生長點的莖和葉，插進土壤中不久就能生根，長成獨立的小植物。有些植物可以直接在瓶中花園扦插，像網紋草、冷水花等；有些木本植物像福祿桐、壽娘子最好在培養箱裡用水苔包覆扦插至發根後，再移植至瓶中花園，如此一來存活率會較高。

▲扦插。

3. 強剪：將植物修剪到很矮小，待其長出新葉後，分株使用。特別適合一些多年生草本植物，如彈簧草、彩葉草、彩葉芋。

◀將植物修剪到很矮小，待其長出新葉後，分株使用。

如果你打算在瓶子裡不只種一棵植物，在選擇素材時就要稍微搭配一下，不要都選擇一樣高的植物，至少要低、中、高三種尺寸都有，如此搭配看起來才會自然，而且也不要都選葉子長得很像或差不多大小的植物，最好是有圓葉、細葉、狹葉等不同葉形，作品呈現才會比較生動。此外，顏色也是需要考量的部分，即使全都是綠色，最好也要有深淺之分。在瓶中，用紅色的葉片代替取得不易的開花植物，看起來會更加賞心悅目。

苔蘚

不論用來搭配植物或扮演主角，苔蘚幾乎是瓶中花園不可或缺的部分。本書使用的苔蘚，以讀者方便取得的灰蘚、眞蘚和白髮苔三種爲主。灰蘚較適合密閉式養殖，眞蘚適合開放式養殖，白髮苔兩者皆可。

灰蘚

◀灰蘚屬喜愛低光照、潮溼的環境，適合在陰涼處生長，無法忍受陽光直射，經常長在苗圃、園藝培養場的棚架下，可以說是植栽的副產品，所以容易買到，單價也低，是很好上手的入門款。

真蘚

▲喜愛高光、高溼的真蘚，在雨季的都市地區都可以發現，在自家附近說不定能採集到。在室內涼爽環境，利用開放式玻璃瓶保溼，給予充分光照，不難培養。

白髮苔

▲白髮苔在夏季高溫的溼熱環境中容易變黃發白，然而一旦回到秋冬的合適溫度又會轉綠，而且它生長緩慢，可以養很久。近年來有人工培養上市，但單價相對偏高。

這三種苔蘚當中，灰蘚屬於匍匐苔，以蔓延的方式生長，適合一片片鋪在植物下方，一方面增加植物根部的覆蓋，另一方面也能營造出草地綠意，烘托造景。因爲它質地柔軟，也很適合用來製作苔球。

眞蘚和白髮苔都是屬於直立苔，是以長出側芽變得更密集的方式拓展領土，可以一撮撮甚至一根根種植，堆疊出精緻的造景，適合單獨成爲苔蘚微景觀。

其實臺灣高山林立的氣候很適合苔蘚生長，可以稱得上是苔蘚大國，但苔蘚多半喜愛冷涼的溫度，高山苔蘚幾乎不適應平地溼熱的氣候，若在住家附近或平地採集到的苔蘚，適應性會較好。

在自家花園或花盆裡原本就有的苔蘚，可以繼續在花盆裡養殖，使用時直接鏟起，底部帶一點泥土，也可以順便灑一些矽藻素除蟲後，再移植到瓶中花園。

在花市或網路購買來的苔蘚可暫時養在透明的塑膠盒中保溼，放在燈下或散射光處避免受熱，等待使用；如果天氣炎熱，也可以放進冰箱冷藏保存。

想要苔蘚持續生長，最好還是移入造景定植，或者在培養箱中放入赤玉土作爲介質，把苔蘚貼緊土層種好，然後給予適當的溫控和光照條件。

在臺灣炙熱的季節，如果苔蘚數量不多，放在室內溫控環境（冷氣房）用植物燈培養，是最簡便的方式，成功率也較高。針對不同種類苔蘚採取不同的保溼策略時，開放式養殖可以保持土壤溼度並持續噴水，密閉養殖則要經常開蓋透氣。如果置於室外培養，在陽臺或庭園可以放置於植物下方，接收間接光照並保溼，但要避免地面溫度過高。

◀灰蘚。

▲真蘚。

▼購買回來的苔蘚可先養在透明盒或育苗盤中。

| 裝飾品 |

除了植物以外，透過裝飾營造出獨特的情境，可使瓶中花園成爲獨一無二的創作。裝飾物大致可分爲石頭、木頭和擺件等三大類。

造景石

具有量體感的石頭，在瓶中能夠劃分空間，引導觀看或創造視覺焦點。當你在瓶中只種進一棵植物，視覺還停留在平面思維時，加入一塊有分量的石頭，空間感立刻就能變得鮮明起來。用石頭定位，能幫助創作者找出畫面的正面觀點和視覺焦點，分辨植物生長的姿態是陰面或陽面，這也是東方盆景藝術常用的技巧，讓植物看起來更自然。造景石的色彩和美麗紋路，絕對能爲造景加分。

頁岩

是構成臺灣中央山脈以西各地層之主要岩石之一，有灰黑、綠色、淺黃、淺灰等各種顏色，因内含雜質成分而異。頁岩質軟、性脆、易裂，可以敲打或修剪成適合瓶中花園使用的厚度與尺寸。因為質地鬆散，也容易附著苔蘚。

咕咾石

珊瑚礁石灰岩，原本沉積在海底，因地殼運動上升露出海面，甚至有些山林也可開採得到。在水的作用力下，也有類似太湖石的窩眼、穿孔，常用於盆栽附石造景。顏色為淡黃色，也可以在石頭的孔洞上附著苔蘚。

青龍石

又名英德石，是中國歷史上的四大園林名石之一，產於廣東。有灰黑、淺綠、黑白條紋等外型。因為溪水的沖刷，青龍石也有各種穿孔和皺褶紋理，看起來就像綿延的山脈，國畫裡的山水，常被用在庭園假山，營造意境。現代則是水苔缸造景的熱門素材。

虎皮石

具有特殊風化的紋理，類似蜂巢或朽木，也可以堆疊出山脈效果。顏色為深咖啡色或土黃色，質地較鬆軟，可以敲打成造景的大小。

火山岩

大顆的紅色或黑色火山岩，形狀不規則，質地較輕，遇到水紅色會更鮮明，黑色會更黝黑，很適合搭配植物。有的表面有很多孔洞，也可以塞入苔蘚，苔蘚很容易附著。

水晶礦石

瓶中花園的小自然環境，模仿大自然，有如天地日月精華，很適合養水晶，水晶擺久了會顯得更加晶瑩剔透。帶著岩礦表皮的各類寶礦石，也能增添瓶中花園的自然感。

小碎石

在布置瓶中花園的最後階段，可以用顏色多彩的小碎石填滿地景，用「著色」的概念，創造出像小路、碎石坡、庭園、夕陽餘暉照射的地面或河流等氛圍。

宜蘭石

產自臺灣東部的天然海石，灰、白、黃三色石頭混合，常用於建築中的「抿石子」，也常用於園藝的盆栽鋪面。最細小的顆粒是 7 釐，1.2 分的顆粒大小也可以用於鋪底的排水層，2 分的尺寸則可以用在瓶中當造景石。

河砂

開採自臺灣西部河床的河砂，混合不同顆粒大小的碎石，加入培養土可以種植高級盆景，所以又稱「盆景砂」。用於瓶中花園的鋪面，可以呈現出天然的山野感。

漢白玉石

一種石灰岩，也就是純白大理石，常用於雕塑和建築。園藝上有大小顆粒，用於盆栽鋪面或庭園造景。瓶中花園適合選擇最細的顆粒尺寸（7 釐）鋪面，可以用來表達禪庭、沙漠這類的意象。2 分左右的尺寸則可以用來當造景石。

彩繪石

又稱「霓虹石」，有米色、粉色和咖啡色等混合，是帶有莫蘭迪色感的大地色系，在瓶中花園適合用於表達潔淨的土地或修飾過的庭園。

黑珍珠石

一種珍珠岩，外觀呈現質樸的暗灰色，遇水顏色會變深接近黑色，很像它的近親「黑曜石」。最細的顆粒也是 7 釐，在瓶中花園適合用來鋪成道路，有寫實的質感。因為顏色造型都很自然，基本上各種尺寸都適合用於瓶中花園造景。

玫瑰石

一種粉紅色石頭，遇水顏色會變得更鮮豔，園藝用於盆栽鋪面或庭園造景裝飾。混合了白色石頭，感覺淡雅，用於瓶中花園可以增添色彩，營造童話般的氛圍。

木頭

沉木

又稱為「流木」。枯倒於水中的樹木經過長期浸泡，有機成分分解殆盡，比重變大而能沉水。樹木也因為自然的侵蝕而有各種形狀的孔洞和皺褶紋理。整體為深咖啡色，有塊狀、枝條類型和大小不同的各種尺寸。

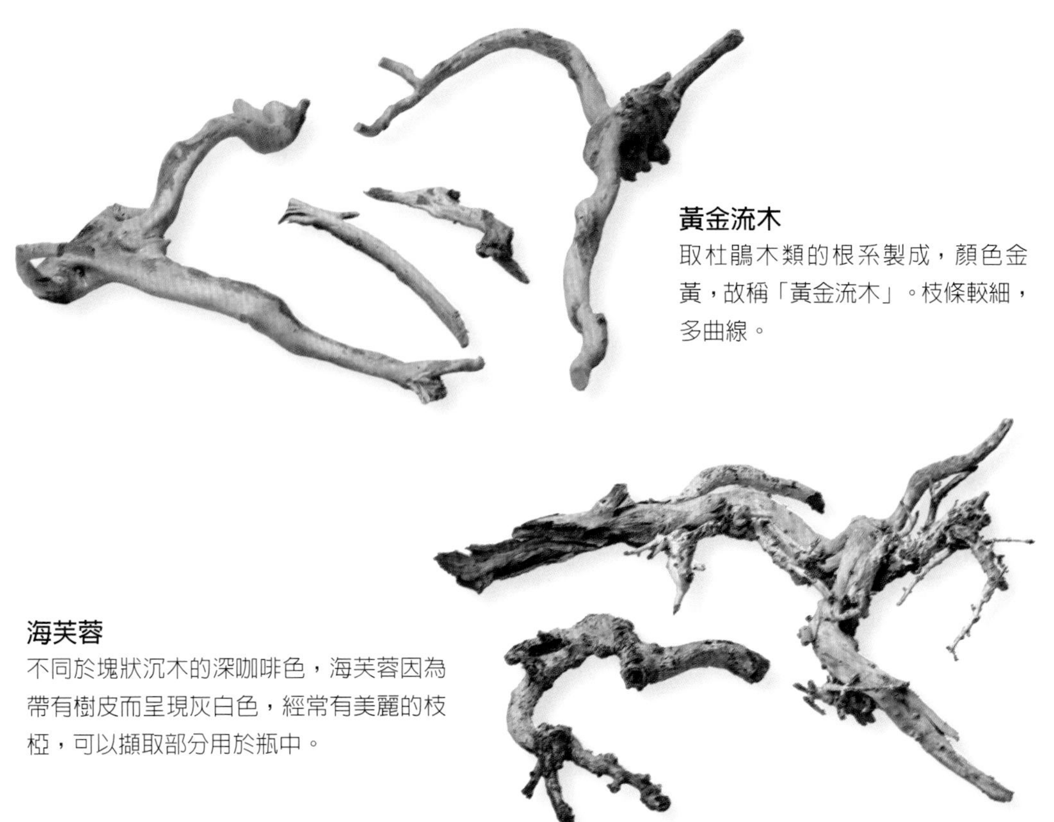

黃金流木

取杜鵑木類的根系製成，顏色金黃，故稱「黃金流木」。枝條較細，多曲線。

海芙蓉

不同於塊狀沉木的深咖啡色，海芙蓉因為帶有樹皮而呈現灰白色，經常有美麗的枝椏，可以擷取部分用於瓶中。

擺件

有紀念性質的小物、扭蛋或小擺件是賦予瓶中花園最具個性化的部分，讓瓶中景觀具有擬人化的意義。在符合比例原則時，能讓微景觀更顯生動逼真。

COLUMN

工具、素材何處買？

玻璃器皿：

花市、水族店、園藝店、烘培店、玻璃器皿專賣店、生活日用品店（如大創、宜得利、Natural Kitchen、小北百貨）、網路（如蝦皮）。

工具：

生活日用品店、水族店、園藝店、文具店、網路。

瓶中花園專用介質：

園藝店、花市、網路。

植物或苔蘚：

園藝店、花市、網路、採集（法律許可範圍）

造景石和裝飾品：

水族店、園藝店、建材行、模型店、扭蛋、網路（關鍵字：微景觀）

CHAPTER 3

基本技巧

| 種植技巧 |

瓶中花園是一種在玻璃瓶裡栽培植物的方法。栽培的意思就是種植和培養，也是瓶中造景的基礎。這裡介紹一些基本的種植技巧。

POINT1 介質鋪設

介質鋪設基本上是模仿地殼構造，石頭 ── 碳 ── 土壤這樣一層層鋪設。若爲了視覺上的美觀，可不讓黑色活性碳露出，只要將石頭鋪在靠近玻璃壁，活性碳放在瓶底中央，接著放上隔層後再鋪設土壤層。假設不放隔層，也可使用小碎石堵住部分石頭的縫隙，避免土層掉落。一層一層的結構可清楚顯現瓶中溼度，從石頭縫隙觀察到水珠大小及是否積水，因此最好不要混合攪拌。

◀鋪設底層介質時，要注意控制分量，也就是厚度。整體而言，石頭 + 碳 + 土壤的高度不超過玻璃瓶的 1 / 3，以免壓縮植物生長空間，如此一來也可以看到更多植物的姿態，比例也會顯得更好看。

POINT2 植入植物

玻璃瓶裡不像在戶外的土地上，可直接挖個洞將植物根系埋進去，而是直接用土壤覆蓋植物的根部。植物的根部構造，基本上可以分成「散射型」或「深入型」二大類。

草本植物大多是散射型根系，在瓶中種植時，可以將根系攤平在土層上，或者把根系捲成一團後用鑷子夾住，稍微插進土層中，再以漏斗對準植物根部加土覆蓋。用足夠的土固定植物，植物就不會傾倒，若是土壤加的不均勻，可用筆刷整理。

深入型的根系，像文竹、羅漢松等多數種籽植物，都有一根又硬又長的主根，不容易曲折攤平在瓶底，而且粗而硬的根系還很容易彈起導致難以固定。這時可用具有黏性的泥炭土（造型君）包覆其根系，讓它稍微彎曲而不折斷，然後將植物連同包覆根部的土球一起放進土層上，稍微壓緊固定。因爲植物根系隆起的土堆，可以當作高低起伏的地勢來設計造景。

▲植入植物時，可用土壤覆蓋住植物的根部做固定。

▲若是遇到又硬又長的主根，可用具有黏性的泥炭土包覆其根系後置入土層中。

POINT3 噴水固定

本書在製作瓶中花園時所使用的土壤以赤玉土為主，顆粒狀的赤玉土在乾燥時非常鬆散，顆粒越大越鬆散，建議使用極細（最小顆粒）的赤玉土，使用過程中可一邊噴水，使赤玉土稍微具有黏性，一邊用筆刷壓緊，固定植物。

POINT4 泥塑法

在窄淺的瓶中土層上造景，使用具有黏性的調合土（日語用法為造型君，指富有黏性的中介物質），可以幫助植物或造景石的固定。泥炭土是很好的「造型君」，加水調合就有黏性。如果怕太溼會坍塌，就加入一些碎水苔做支撐，也較能保水，避免泥炭土乾燥硬化而崩裂。如果用於種植某些苔蘚或食蟲等喜愛酸性土壤的植物，還可以添加一些紅色的陽明山土（具酸性，有黏度）。

將泥炭土、碎水苔和陽明山土加水調合（比例不拘）後的調合土，用於瓶中花園的立體造景，非常富有變化，而且也有利於植物生長。

POINT5 使用工具

在開放的土地上，我們用雙手種植，但在局限的瓶中，我們只能用工具代替雙手。右手拿夾子，夾取植物或石頭等物件進行移動，左手拿棍子（刷柄）輔助，增加動作的準確度。越熟練越順暢，就能從簡單到複雜，完成各種造景。

POINT6 分辨植物生長勢

要建構出自然造景，首先除了認識根莖葉等基本構造外，還有植物面向陽光的陽面，背向陽光的陰面。在種植時，先面對玻璃瓶設定一個正面，在視線範圍內都種上植物的陽面。種植過程中想像你的目光就是陽光，是植物想要熱切爭取的，這樣就能把植物姿態種植的很自然。

▲植物的正面。

▲植物的背面。

POINT7 苔蘚的種法

在森林中，苔蘚一般生長在樹林下、山壁上或石頭邊。在瓶中花園，和植物搭配的苔蘚也大概是種在這樣的位置。種法則有二種，一種是質地較柔軟、匍匐生長的，像灰蘚就用剪貼的方式，剪下需要的大小，用鋪苔法平鋪在土層上，然後稍微壓緊，或者噴水使其更服貼。

直立生長的苔蘚如白髮苔和真蘚，就要一撮一撮的移植，密集的填滿所要種植的地方。用小鑷子夾住一撮修剪過假根的苔蘚插進土中，再用手或刷柄稍微按住它，接著把鑷子收回來，這樣已種植好的苔蘚就不會被收回來的鑷子一起帶出來。但如果種植面積較大，直立苔也可以修剪掉較厚的假根，像墊子般一片片平鋪在土層上種植，再仔細將縫隙填滿一撮撮苔蘚。

▲用小鑷子夾住修剪過的假根插進土中，再用木棍稍微按住，最後把鑷子收回來。

▲直立生長的苔蘚就要一撮撮的慢慢移植。

苔蘚植物沒有脈管構造，靠滲透壓吸收水分，所以苔蘚要密集群生聚集水氣，種植時要盡量聚集並與土層密合。在密閉式瓶中花園的保溼環境裡，不密合影響不大，但若在開放式瓶中花園裡，苔蘚不密集或者與土層不密合，會使水分快速流失而導致枯萎。

| 溫度與溼度管理 |

瓶中花園在臺灣冷涼的秋、冬季生長最好，而在夏天的高溫氣候中則備受考驗。尤其是密閉式的瓶中花園，需要採取一些度夏措施來因應高溫環境。

溫度會影響植物的生長，主要是因爲植物本身的酵素在高溫環境下會減緩甚至暫停作用。植物本身也會因爲呼吸作用或者過於密集、有傷口等因素而升高體溫，使得密閉玻璃瓶內的溫度高於環境溫度。

在夏天打開蓋子甚至可以感受到瓶中的熱氣。高溫如果加上高溼，玻璃瓶內就會產生蒸籠般效果，將植物蒸熟了，所以密閉式瓶中花園首先要避免有輻射熱的高溫環境，例如西晒的房間，也不能拿去晒太陽。

溼度過高也同樣要避免。瓶中溼度如果高於 90，容易引起一些黴菌感染。如果瓶底積水再加上密閉環境，在高溫作用下，瓶中植物的葉片會因此變得透明或潰爛。相反的，如果土壤不積水，植物可以自己平衡水氣循環，瓶內溼度維持在 70 ～ 80 左右，就會是很舒適的環境。

即使是開放式瓶中花園，也會建議瓶底不要積水。植物發根後泡水，很容易因根部無法呼吸而發黃掉葉，甚至死亡。

Q 密閉式瓶中花園可以轉換為開放式養殖嗎？

如果在第一個月適應期內將密閉式轉換為開放式，植物比較沒有適應上的問題，但如果是已經密閉培養了一段時間，瓶內植物已適應瓶中生活，這時再轉換為開放式培養，瓶中植物就要重新適應不同溼度的環境，可能會暫時出現枯葉或失水現象，需要一段時間才能適應。

Q 開放式瓶中花園可以轉換為密閉式嗎？

除了多肉植物和仙人掌無法在密閉式空間養殖之外，雨林植物和陰性植物大致都能適應密閉瓶的高溼環境。只要土壤水分控制得宜，開放式也可轉換為密閉式。如果把蓋子當作一種控制溼度的工具，可以將開放式瓶中花園加蓋一段時間，為瓶中植物保溼。苔蘚瓶尤其適合這種半開放式的做法，可以減少噴水照顧又避免徒長。

| 如何讓瓶中花園度夏 |

炎熱的夏天如何讓瓶中花園保持健康？降溫是必要的措施。因爲自然光的輻射熱很強，在室內使用燈光更能控制溫度，最好遠離西晒的窗邊或房間，移到家中涼爽的角落。

1. 吹電扇，可以避免熱氣聚集在玻璃瓶四周。
2. 開冷氣，把瓶中花園移到起居空間，和人一起過避暑生活。即使冷氣降溫的時間不長，也能中斷連續高溫的影響。
3. 將密閉式改爲半開放式養殖，在一天當中溫度最高的時段打開瓶蓋，散發掉瓶中熱氣，並噴水加溼。
4. 等秋天再換植無法度夏的植物，尤其是苔蘚，很容易在炎熱的夏天變黃或發黑，可以等到炎熱的天氣結束後，再重新整理。

▲將密閉式改為半開放式養殖，散發掉瓶中的熱氣。

▲透過電扇，避免熱氣聚集在玻璃瓶周圍。

溫度和溼度過高，會使瓶中的微生物世界過於活躍，不斷長出菌絲和黏黏的藻類。如果植物本身不夠健康，這時就很容易導致瓶中生態受到感染，引發腐爛或病害，影響瓶中所有植物。

瓶中世界除了看得見的植物以外，還有看不見的微生物世界，主要由眞菌組成。在自然界中，眞菌與植物共生，彼此互利，所以不可能把瓶中的菌全部當作病菌消滅掉，反而應該積極培養有利生態的微生物系統，讓瓶中世界存在生產者（植物）— 消費者（植物＋眞菌）— 分解者（眞菌）的生態鐵三角，這個「小地球」才能成爲穩定的存在。

透過培養「益菌」來改良土壤和抗病的方法，目前在農業和園藝的運用都有逐漸增加趨勢。環保酵素在許多落後地區早已被用來改善下水道和環境汙染，也是基於同樣原理。因爲環保酵素的拮抗作用利用益菌來壓制壞菌，增加環境益菌，就能減少壞菌感染的機會，所以在瓶中花園這種狹小的空間裡也很適用。

培養益菌需要一段時間，在新製瓶中花園的前二周尤其重要，所以建議每天噴灑酵素稀釋液，噴完後打開通風，散發掉多餘的水氣，留下好菌，同時也讓植物透氣，慢慢適應瓶中環境（這個過程稱爲「馴化」）。

COLUMN

自製環保酵素

自製環保酵素便宜又簡單，只要使用水果 + 糖 + 水，經過三個月的發酵，就能得到一瓶滿滿的益菌，不只能應用在園藝上的瓶中花園，它也是居家清潔的好幫手。

建議使用柑橘類水果製作環保酵素，一來氣味芬芳，二則柑橘類果皮的檸檬烯成分也具有淨化作用。由於水果發酵時會產生很多氣體，建議使用乾淨且有蓋的塑膠罐製作比較安全，塑膠罐會比玻璃瓶具有更多伸縮空間，不會有爆破危險。

材料：

切成小塊的檸檬或柑橘（帶皮 + 果肉）、糖（黑糖或砂糖）、乾淨的水。

作法：

以 3 份水果：1 份糖：10 份水的比例混合，放在陰涼處等待發酵。

第一個月最好每天都搖晃一下瓶子，讓益菌均勻分布。搖晃之後旋開蓋子放氣，靜置時蓋子也不要旋緊，讓瓶口保持縫隙，以便釋放發酵的氣體。由於發酵氣體很多，因此蓋子不要旋緊，之後也要偶爾打開放氣。

發酵三個月後才能使用，如果沒有發酸或散發很濃的酒精味（變成酒）就是成功了。發酵好的環保酵素要稀釋 100 ～ 500 倍使用，以免發酵不完全的酒精或醋傷及植物。

| 光線對瓶中花園的影響 |

對瓶中植物而言，光就是飯。水它們會自己製造，足夠的光線才是生存第一要務。瓶中花園利用玻璃瓶的特性，顯現瓶中溼度，然而植物需要多少光才夠生存，這必須靠照顧者自行摸索。還好光線對植物的影響會在玻璃瓶裡一目了然，只要不斷觀察就能學習箇中技巧。

地球上的植物以太陽光行光合作用產生能量，雖然太陽光有紅、橙、黃、藍、靛、紫七色光譜，但能夠爲植物利用的有效光波，只有藍光（400～510nm）、紅光（610～700nm）兩個波段。藍光對光合作用影響最大，可以幫助植物根莖發展，縮小葉面積；紅光則對光週期影響較大，影響植物開花結果，也可以增加植物分枝，減少植物間節。

所以如果光線不足，瓶中植物首先會出現的就是葉片變大，間節變長，稱爲「徒長」。植物本來反射綠光而呈現綠色，如果光線不足，植物的葉片也會變白、變淡。缺光的時間過久，影響到根系發展，植物就枯萎了。

植物到底需要多少光才足夠？這其實是個科學問題。光線強度可用照度計或測光表測得，不同植物需要不同的光總量，根據不同位置測得的光線強弱和光照時間，來擺放不同植物，就是萬無一失的方法。

現在使用手機就可以下載測量光線強度的 APP，一般常用 lux（勒克斯）與 fc（呎燭）這二種單位，1 呎燭約相當於 10lux。開啓 APP 就能測量到不同地方的光線強度，例如日正當中是 100000lux，室內窗邊是 2000lux，辦公室燈光約是 300～750lux，陰暗的浴室大概只有 45lux。種植草本和苔蘚的瓶中花園大約需要 500～1000lux，這樣就可以找出植物適合的擺放位置。

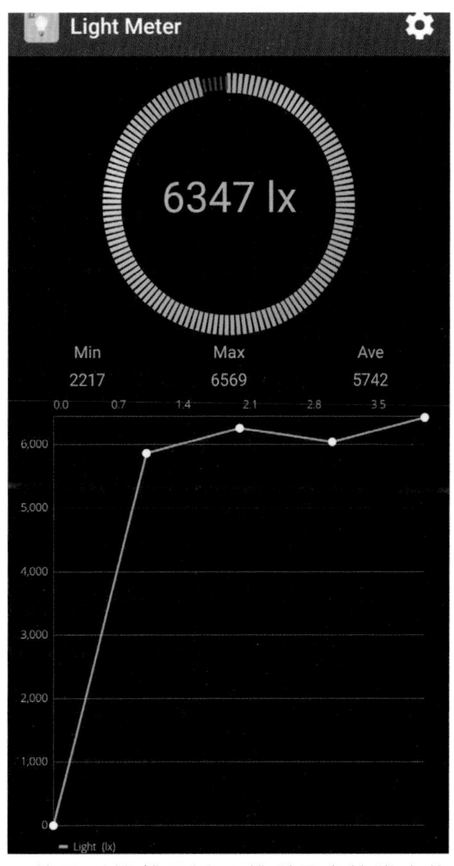

▲使用手機就可以下載測量光線強度的 APP。

瓶中花園可以使用自然光（太陽光）或人工光源（植物燈）。使用自然光比較沒有光質（光線的光譜組合）問題，窗邊、廊下、屋簷下、玄關、陽臺，在房屋四周最接近陽光又不會直晒的遮蔽處都可以，但要避免輻射熱，尤其是密閉式，最好放在較涼爽的地方。太陽會隨著季節改變方位，影響光線強弱，使用自然光的瓶中花園也要隨之調整位置；連續陰雨天可能出現光照不足的現象，則要適度補光。

▲使用自然光比較沒有光質（光線的光譜組合）問題。

▲瓶中花園可以使用人工光源（植物燈）來解決光照不足的問題。

爲避免輻射熱問題而將瓶中花園放在室內陰暗涼爽的地方，再以人工光源補光，如此一來就不用追著光線調整位置，只需開關燈即可，可說是最簡單的照顧方式。密閉式瓶中花園栽種的主要是草本植物、苔蘚和幼小的木本植物，植物燈的光質、光能雖然無法和自然光相比，卻正好夠用。

簡單來說，人工光源越接近自然的太陽光越好。高品質的光源能使植物生長得更健康，這也是選購植物燈的原則。首先，植物燈的光譜要以紅藍光爲主，最好是其他光色都有，像是接近日光的光譜分布，稱爲「全光譜」，這種照明不僅能在居家使用時帶來舒適的視覺感受，也有益身心健康，有些植物燈只有紅光和藍光，看起來呈現藍紫色，就會相當刺眼。

其次，光能的部分可以用植物燈瓦數來代表。瓦數越高，光能越強，適合大型或需要較多日照的植物，如多肉植物、開花植物。瓦數較小的，就適用較小的植物，像是 10×15 的瓶中花園可以使用 3W 的植物燈，25×18 的瓶中花園則建議使用 5W 的植物燈。

光線強度 × 光照時間稱爲光總量，對光線需求量大的植物而言，植物燈的瓦數不但要夠，照光的時間也要夠長，反之亦然。以瓶中花園的林下生態而言，以距離植物 30 公分的人工光源補光，每日約 6～8 小時即足夠，如果光照時間太長，植物可能出現葉片反白甚至枯黃的現象，時間過久，也會呈現萎靡的衰竭現象。

人工光源在農、園藝的發展上，並不是一開始就有所謂的「植物燈」。瓶中花園的發明人華德醫生曾經試驗煤氣燈的效果，在每天 5～8 小時的照明下，番紅花還開了藍色的花。臺灣農業生產早期同時運用日光燈補充藍光，鎢絲燈補充紅光。現代因爲 LED 技術能夠設計出不同光譜的燈光，而有越來越多功能的植物燈問市。瓶中花園栽種的植物偏向室內耐陰型態，對光能和光質的需求並不算高，一般家用 LED 燈只要含有紅光和藍光，就能輔助補光。

CHAPTER

4

初階作品示範

為了提高瓶中植物的存活率，瓶中造景最重要的技巧就是安排植物接收光線的位置。葉片要盡可能面對光源，並且不互相遮蔽，就像它們在大自然裡的樣態。森林中，高大的喬木占有天空優勢，依次而生的是較小的喬木、灌木、附生植物，最後才是森林底層的草本和苔蘚（用較少的光線就能存活），瓶中花園的栽培條件大致與森林底層的林下生態相符。

基於植物爭取光線以利生存的這個本質，可簡單歸納出集中式的生態造景法。以高、中、低的次序來安排植物位置，高的植物盡可能置放在後排，矮的在前面，如此一來高的植物才不會遮住較矮的植物。

想像在拍團體照時，要盡可能讓每個人的臉都露出來，在瓶中花園，也要盡可能看得到每一棵植物的葉片。最好在種植前先分辨別植物的生長勢，找出植物迎向陽光生長的正面呈現，不論從哪一個角度，畫面看起來都會非常和諧自然。

1 | 燦爛的沙漠

在菱形鑄鐵玻璃盒中植入正值花期的仙人掌，搭配玉石裝飾，散發出燦爛華麗的沙漠風格。同時點綴亮眼的緋牡丹，在花謝後瓶中依然色彩斑斕。

開放式瓶中花園經常使用側開口容器，此一示範的施作重點除了採用「高在後、矮在前」的集中式種法外，還要特別注意從封閉處往開口種植的順序，也就是由後面往前種，而且要一邊種一邊完成裝飾的布置，以免容器最後面的封閉處在種滿植物後施作困難。

How to make

01

在瓶底鋪上一層火山岩，覆蓋過瓶底玻璃。

02

第二層鋪活性碳。

03

第三層鋪赤玉土，薄薄的蓋過底層的石頭和活性碳，準備開始放入植物。

04

從方形玻璃盒的裡側開始往外種植物，先植入較高的達摩福娘，然後再植入筒葉花月。植物要事先脫盆去土，種植時用赤玉土覆蓋根部。

05

在兩棵植物後方，鋪上漢白玉石和黃金玉石裝飾，並放置水晶。

06

接著順應容器的形狀，在右後方植入較小的草玉露。

07

第二排以開花的仙人掌來凸顯視覺重點，先種卡爾梅娜，再種雪晃。

08

最後在菱形玻璃盒的最前方，也就是兩株圓形仙人掌之間，種一棵紅色的緋牡丹，接著布置一些玉石和水晶，就完成了。

1. 放在室內窗邊明亮處，或以植物燈補光。
2. 每 3 ～ 4 周澆水一次，用注水器對準植物給水至土層顏色變深，瓶底不積水。
3. 給水後加強通風，讓根部土層速乾，避免植物悶熱溼爛。
4. 可放置於室外半日照環境，室溫 30℃以下，照度約 2000lux。

2 | 爬山的人

只需要利用「噴水」小技巧，就能以赤玉土固定石頭堆疊出山勢。這個簡單的作品還能練習種植直立苔與匍匐苔，利用它們不同的質感，描繪山景。加上微型人物，簡直就像一個逼真的電影場景了。

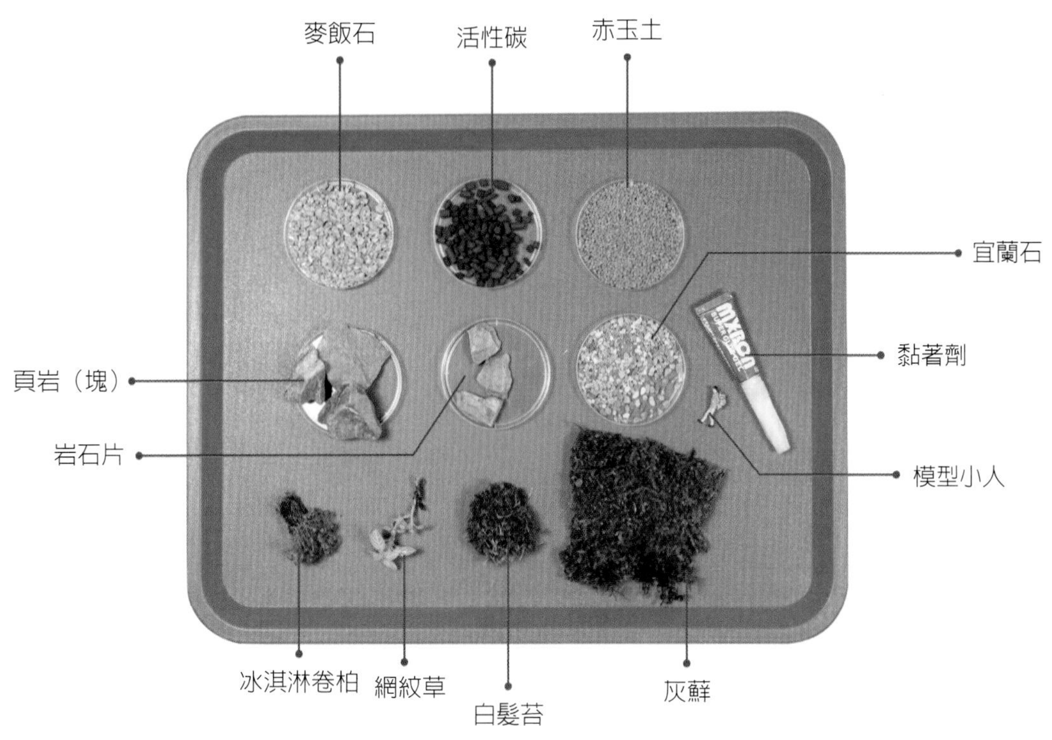

How to make

01

取麥飯石於瓶底鋪設排水層，接著再鋪上活性碳。

02

覆蓋赤玉土，並在玻璃瓶的一側加入很多赤玉土堆高，做成一個山坡。

03

噴一點水讓赤玉土凝結，使山坡上的土粒不會滑動，以便固定石頭，做出一個山頭。

04

將 3 顆石頭以高、中、低位置擺設，加赤玉土噴水固定，形成一個巒峰相疊的山勢。

05

在 3 顆石頭圍出的空間中鋪設石片，做成步道或臺階。如果是臺階的話，2 塊石片之間要稍微用赤玉土墊高。同樣可以噴水固定，避免滑動。

06

完成山勢的結構後，開始鋪設苔蘚。在山頭附近鋪設質地較硬顏色較淺的白髮苔。

用一小撮一小撮的白髮苔，填滿石頭和玻璃壁的縫隙。固定時用鑷子夾住一撮白髮苔，稍微插進土層，接著用手或棍子按住白髮苔，再收回鑷子，這樣就不會搖動到苔蘚。

07

以剪貼的方式，大面積鋪設灰蘚，攤平緊貼土層。

08

種完苔蘚後再植入冰淇淋卷柏和網紋草。用鑷子夾住植物的根莖交界處，將根部稍微插進土中，一手按著植物避免鑷子將植物帶出，然後收回鑷子。在根部加土覆蓋與固定，若植物很小，根部插進土中便能固定，也可以直接覆蓋苔蘚。

09

在沒有鋪設苔蘚的留白處，用灰白色的宜蘭石裝飾，讓造景的顏色更明亮。

10

在模型小人的足底塗上一點黏著劑，黏在石階上。

11

噴點水或酵素稀釋液，清洗玻璃瓶和植物並溼潤土層。噴至整個赤玉土層顏色變深，瓶底不積水，就完成了。

照顧重點

1. 苔蘚怕悶熱，放置環境除了光線充足外，最好是冷涼的地方。
2. 如果環境溫度太高，可以讓蓋子留個縫透氣散熱，不要全部蓋滿。
3. 觀察赤玉土層的顏色變化，土壤需一直保持溼潤的深色，變淺就要給水。
4. 室溫不超過 28℃，照度約 700 ～ 1000lux。

3 | 水晶球

很多人喜歡養苔球，但環境溼度卻未必適合苔蘚。用玻璃罩幫苔球保溼，可以減少照護，把苔蘚和植物一起養起來。這個半苔球的作法，只要利用有黏性的調合土，將植物和苔蘚固定在培養皿上就可以了。

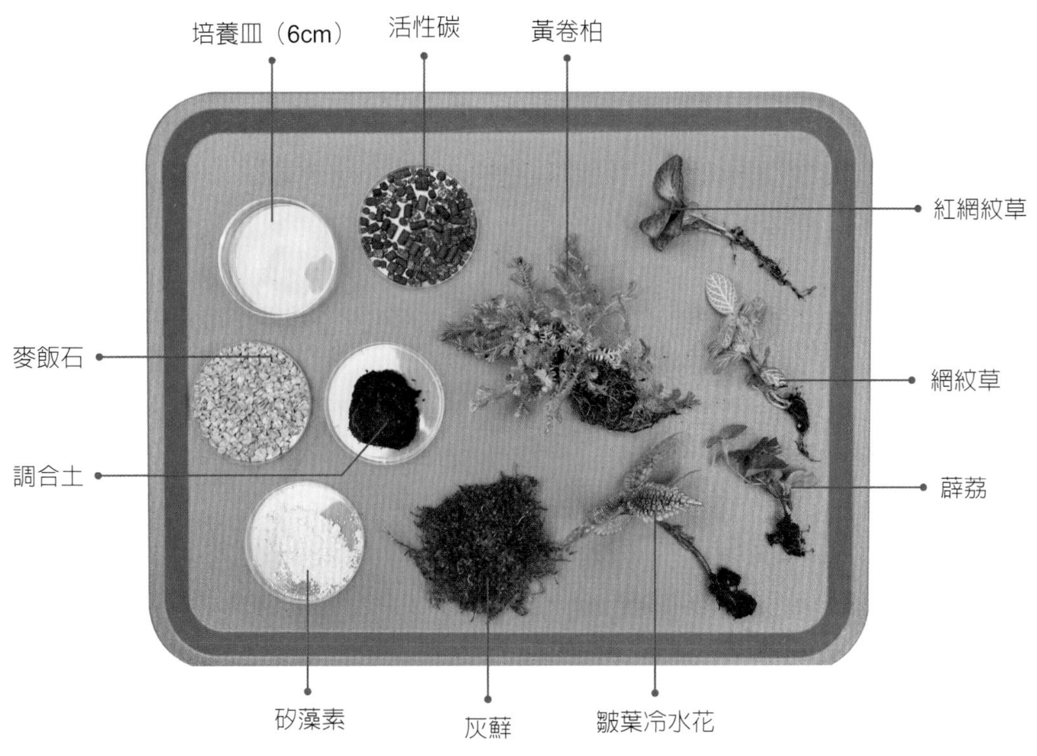

How to make

01

在培養皿上放入麥飯石和活性碳。這個底層介質可以疏水透氣，也可以用來觀察苔球的溼度。

02

鋪上一層調合土，先種主要的（大棵的）植物——皺葉冷水花。土有黏性，可以將植物固定在培養皿上。

03

接著在皺葉冷水花的周圍種植其他較矮小的植物。事先把調合土搓成泥球，內聚力會使泥土可塑性更高，更利於固定植物。用泥球壓住植物的根，一株株植在培養皿上。

04

像這樣壓緊。種好植物的培養皿會出現一個半圓形的土團。

05

準備在土團上包覆灰蘚。苔蘚根部可以先灑上矽藻素預防長蟲，再貼於土團上。用鑷子尖端按壓土團上的灰蘚使其與土團密合，就不會脫落。

06

把種好植物包好苔蘚的培養皿放在底盤上，罩住玻璃球就完成了。

1. 平常可以開蓋對苔蘚噴水，但因玻璃罩和底盤並沒有完全密合，瓶中水氣會慢慢流失，大約一個月要將泥球泡水一次，保持苔球溼潤，以免培養皿上的調合土硬化脫落。
2. 室溫不超過 28℃，照度 1000lux。

4 | 哈比小屋

圓圓的苔球實在太可愛了，那就把它拿來造景吧！黏上一片門的苔球簡直就像哈比人的小屋，也為它們在門外裝飾出一個花園吧！

How to make

01

先在瓶底鋪上火山岩與活性碳，再覆蓋一層薄薄的赤玉土，接著撒上矽藻素。

02

將調合土捏成一個圓球放進瓶中，接著緊靠泥球放置小門，這時可噴點水稍微黏緊它們。

03

在苔球上包覆灰蘚，一大片一大片的用手或鑷子按壓，以讓苔蘚和泥球密合。只要泥球夠溼黏就不會裂開，也能黏得住苔蘚。

04

在苔球小屋一側放入一顆火山岩後種植植物。採集中式種法前低後高，先種高的再種矮的植物。左邊先在石頭旁植入福祿桐，再種柾木和紅網紋草。

05

接著右邊先種植彈簧草，再種白網紋草和冰淇淋卷柏。

06

最後裝飾小屋門前的花園，鋪上石板路與灰蘚。建議灰蘚不要全部鋪滿，留白鋪上裝飾彩石，畫面會顯得更繽紛。

07

用漏斗對準花園的空白處鋪上粉紅色玫瑰石。

照顧重點

1. 每個月對準苔球噴水，保持泥球內部的溼潤，避免失水硬化，導致苔蘚和小門脫落。
2. 室溫不超過 28℃，照度 1000lux。

08

噴水清洗植物和玻璃瓶至土層溼潤不積水即完成。

5｜華麗的雨林饗宴

寶石蘭是有著美麗葉片的雨林植物，喜歡高溼環境。在玻璃鑄鐵盒中創造一個充滿蕨類和苔蘚的生態環境當作寶石蘭的家，再適合不過了。

How to make

01

在瓶底依序鋪上一層火山岩，一層活性碳和一層赤玉土。

第一棵，也是最大的植物——綠翡翠寶石蘭種在左前方，在它後方，植入第二棵，也是最高的植物——松葉蕨。

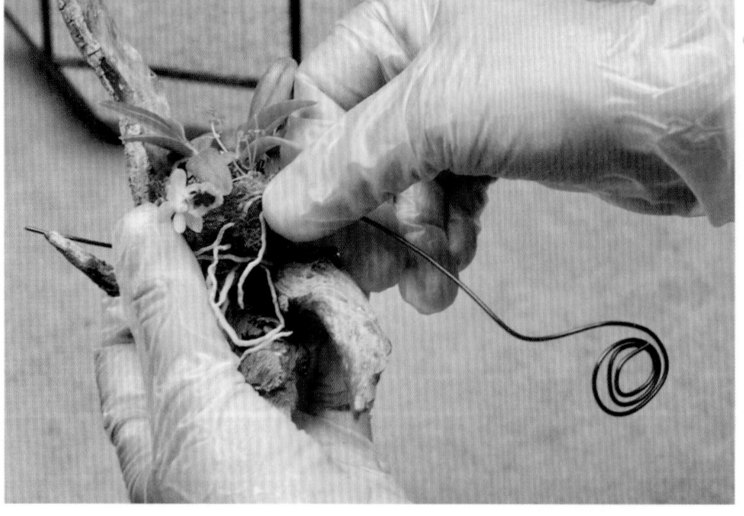

03

利用鋁線將臺灣香蘭固定在海芙蓉枯木上。

04

將綁好臺灣香蘭的海芙蓉枯木放進瓶中，樹枝稍微插進土石層中固定。

05

用植物布置枯木四周，讓生態顯得更豐富。這裡分別植入兔腳蕨和薜荔，也可用其他蕨類和植物代替。

06

接著在空白的土層表面種上白髮苔。

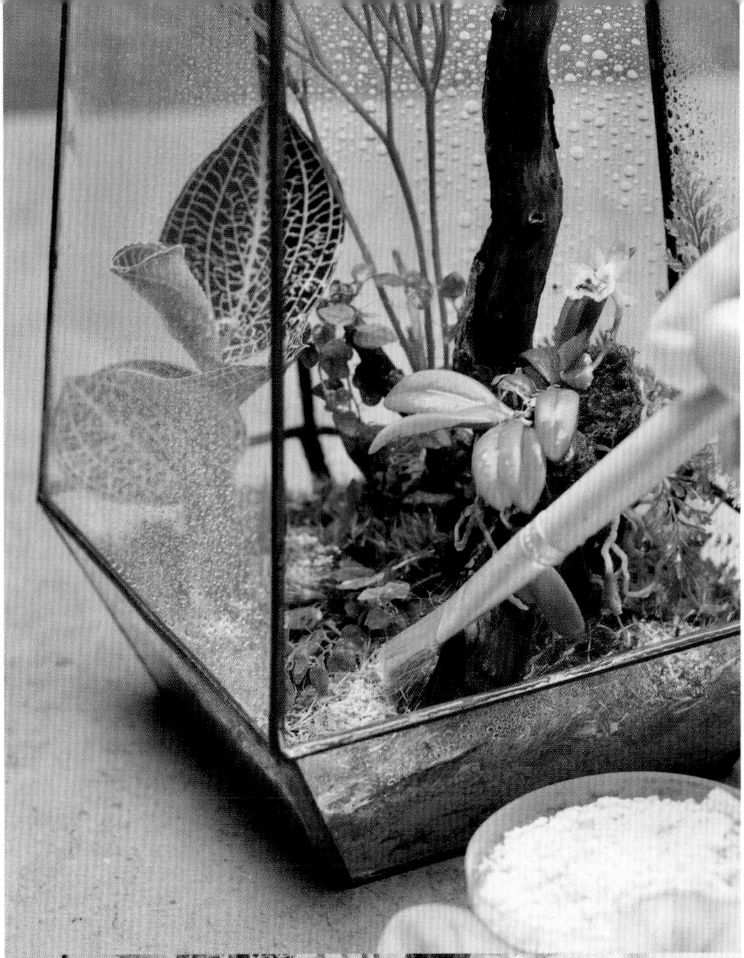

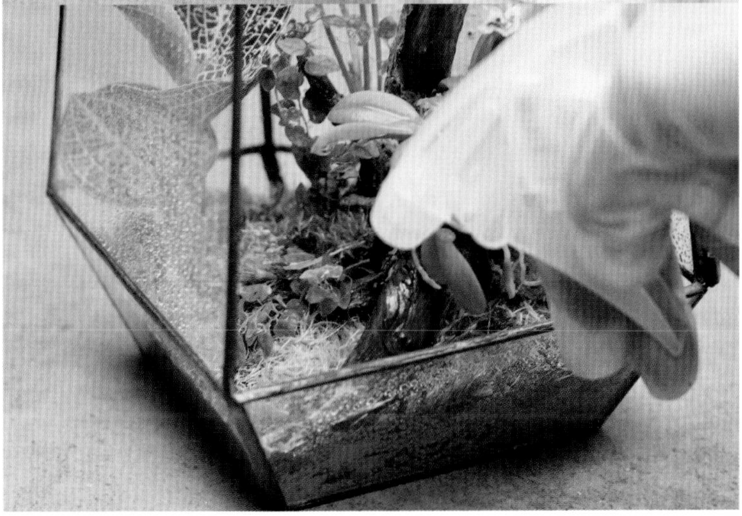

07

也可在作品完成的最後階段使用矽藻素。用筆沾一點粉末，刷在苔蘚和土層上，噴水使其融進土中，就能發揮殺蟲作用。

照顧重點

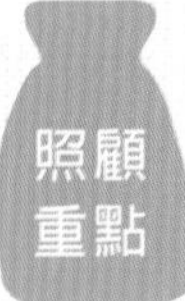

1. 鑄鐵玻璃盒沒有完全密閉，水分會漸漸流失，要注意觀察土層溼度，經常補充水分。
2. 室溫 28℃以下，照度 1000 ～ 1500lux。

6｜禪庭

該作品將排水層做了一點變化，不一定是單一顏色或單一層次。在瓶子的整體視覺裡，負責排水透氣的底部介質，也可以變出花樣來，用不同顏色的大小石頭堆疊，就像是花壇一樣。

How to make

01

沿著玻璃壁鋪設一圈白色帝王石，中空處鋪上活性碳，再於帝王石上鋪上一圈粉紅色的玫瑰石。

02

用赤玉土蓋過石頭和活性碳，再撒上矽藻素。

03

將根部包裹著調合土的壽娘子放入瓶中，接著再緊靠著壽娘子放入咕咾石，稍微用力壓緊土團固定。

04

固定好植物後，發現有高出瓶口的枝葉，可以先行剪去。

05

將真蘚一塊塊鋪滿壽娘子的根團。棍子稍微按住苔蘚後，再用鑷子尖端輕壓，使苔蘚和土壤密合。

06

接著在樹的兩邊植入虎耳草，呈斜對角狀。檢視植物的根部確實都有覆蓋土壤。

07

在植物下方和其他空處鋪上白砂和黑珍珠石。

08

最後，噴水清洗植物和玻璃壁就完成了。

1. 因為鑄鐵玻璃盒並沒有完全密封，相對適合真蘚的生長，但水氣會漸漸流失，要觀察瓶中土壤顏色和植物狀態，適時補水。
2. 視放置環境，補水頻率大約一周澆水一次。
3. 真蘚需要充足的光線和涼爽環境，最適溫度為 20 ～ 25℃，照度 1500 ～ 2000lux。

7 | 石坡馬群

將小樹種出森林感，搭配石頭和苔蘚，就變成馬群可以休息的謐境了。

黃金翠柏向上分叉的直立姿態，很適合這個上窄下寬的瓶子，不同的瓶子也可以選用不同的小樹營造類似感覺喔！

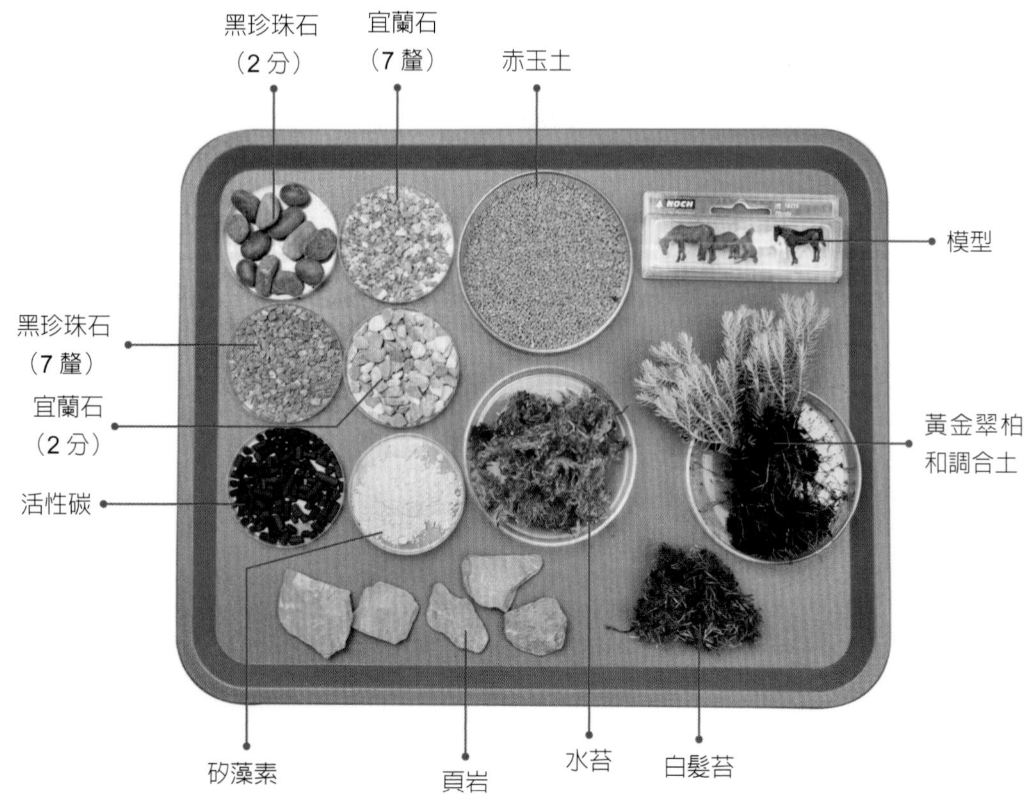

01

在玻璃瓶底部鋪設排水層。先沿著玻璃壁鋪上顆粒較大的宜蘭石（2 分），中間鋪滿活性碳，再於外圈的粗粒宜蘭石上鋪一圈細粒的宜蘭石（7 釐），營造出層次感，並且封住較大的縫隙，避免泥土掉落。

02

在活性碳上面，鋪上一層水苔作為隔層。為了避免增加土層厚度，影響視覺和植物生長空間，可不必鋪到外圈石頭上，從玻璃外觀也看不出水苔的厚度。

03

在水苔和石頭上覆蓋一層赤玉土，準備種植植物。

04

將黃金翠柏的根團用調合土捏成球狀放入瓶中，再壓緊固定於土層上，以方便植物站立。

05

接著調整姿態，再用赤玉土覆蓋固定

06

地景部分，先鋪上大塊方形頁岩，再搭配一些大顆粒黑珍珠石（2分），營造出不同的地表紋理。

07

接著在石縫和留白處鋪上白髮苔。

08

最後，調整細節處，在沒有鋪滿苔蘚的地方鋪上小顆粒黑珍珠石（7 釐），然後用筆刷整理地面，看起來完成度更高。

09
將模型馬用黏著劑固定在石板上。

10
噴水清洗玻璃瓶和植物，至土層溼潤但不積水就完成了。

1. 黃金翠柏和白髮苔生長速度都很慢，只要注意光線充足即可，是很好照顧的組合。
2. 室溫 28°C以下，照度 1500 ～ 2000lux。

8｜糖果屋

　　在高腳瓶中，採取有坡度的立面種植，讓造景與瓶身融為一體。雖然植物高度都差不多，但可以利用地勢的坡度，讓它們呈現出高、中、低的層次感。選用葉片多彩的植物並以正面呈現，既像繽紛的糖果罐又像童話故事場景。

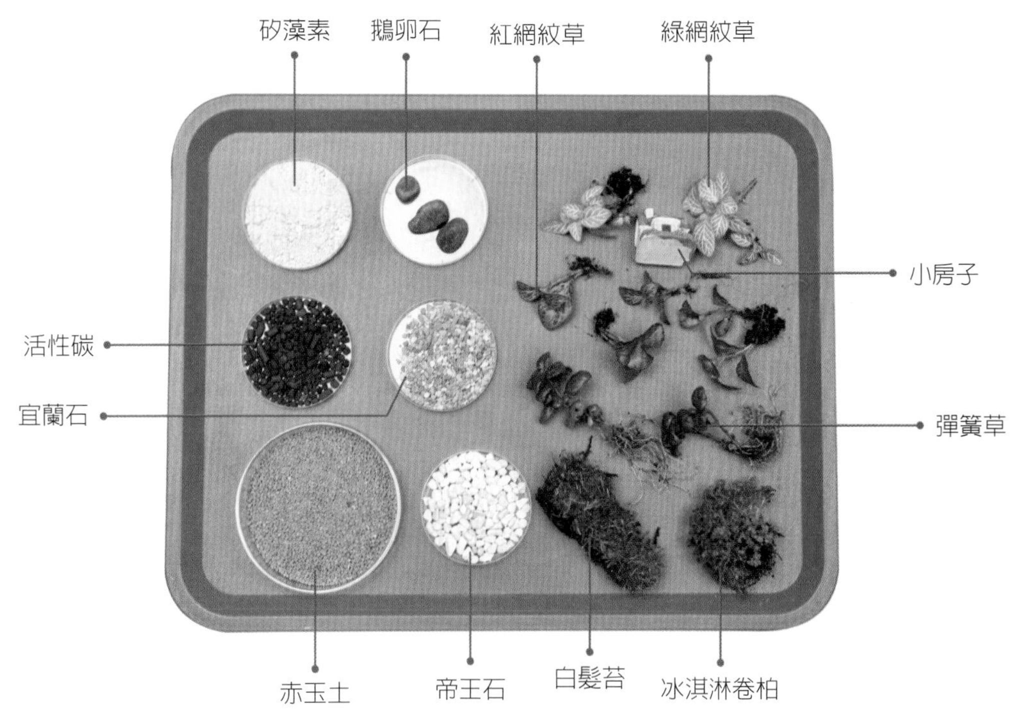

How to make

01

瓶底依序鋪上帝王石和活性碳後，將赤玉土在瓶子一側堆高，噴點水固定以避免滑動。

02

將三坨分株好的冰淇淋卷柏，分別種在赤玉土堆的高、中、低三個位子。

03

在土堆一側種滿小植物。物種挑選以跳色為原則，先種植綠網紋草，再種紅網紋草、彈簧草，如此一來畫面會顯得更繽紛。用鑷子夾住植物根部輕輕插進土中，再加土或撥動土壤覆蓋。過程中可噴水固定赤玉土顆粒。

04

擺上小房子為瓶中造景的空間定位。

05

在土堆另一側種滿植物，營造出山坡上的小徑。

06

在山坡上放置三顆鵝卵石，凸顯出小徑的蜿蜒感。

07

在鵝卵石旁和植物下方種植白髮苔。一小撮一小撮的種，接著在留白處鋪上宜蘭石作為路面。

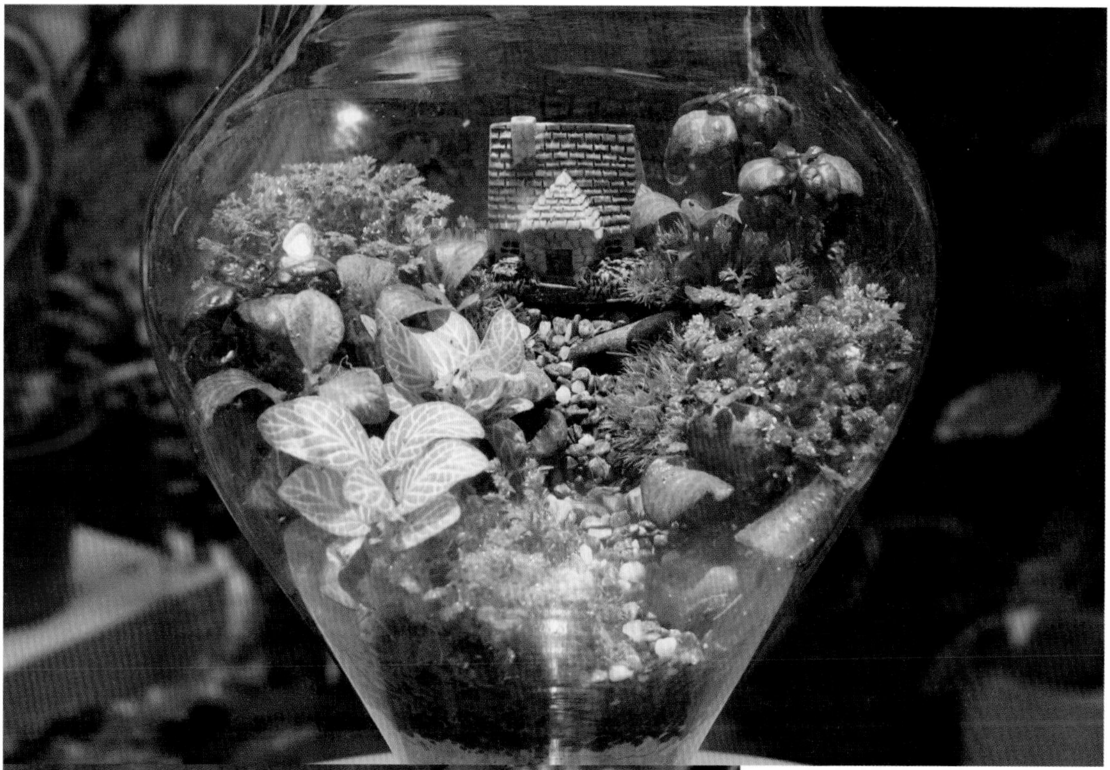

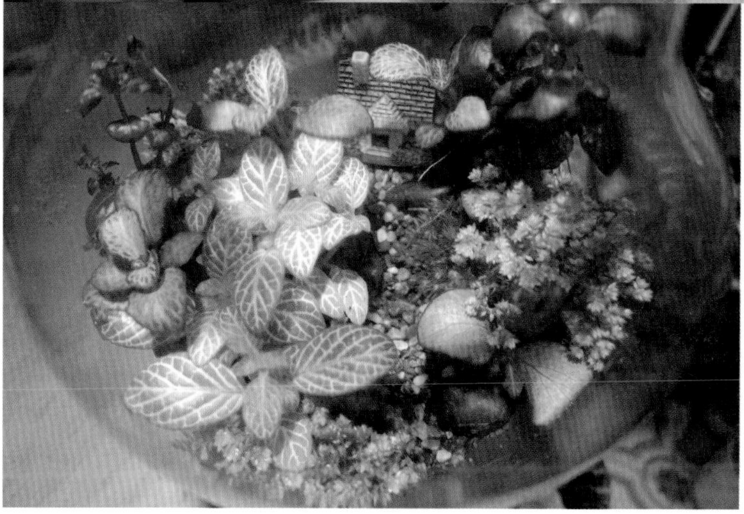

08

在苔蘚和土層上用筆刷輕灑一些矽藻素，噴水讓它融進土中，發揮殺蟲的作用，順便清洗植物和玻璃瓶，至土壤溼潤瓶底不積水，作品就完成了。

照顧重點

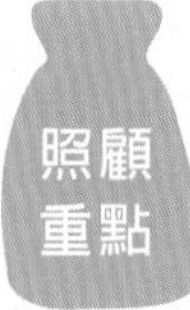

1. 前 2 周要噴酵素稀釋液，幫助瓶中生態穩定。
2. 光線如果充足，網紋草會呈現匍匐生長，造景可以維持比較久。
3. 冰淇淋卷柏怕熱，室溫最好在 28°C以內，照度 1000lux。

9 | 森林裡的花仙子

較大的開放式瓶中花園很適合栽培蕨類和雨林花卉，因為玻璃瓶看得到水分，只要瓶底土層保持透氣溼潤狀態，植物都可生長良好。養好一瓶蕨類和雨林植物，還可搭配花期中的蘭花，為居家裝飾加分。

How to make

01

先在瓶底依序鋪上火山岩、活性碳、溼潤的水苔和混合土。

02

於瓶子中間偏右後方位置，先種下最高的火鶴，接著在左後方植入線條較柔軟的鐵線蕨。

03

左前方種植較矮的長筒花。

04

前方中間位置植入顏色較淡的海棠，接著植入蝴蝶蘭。

05

於土層上鋪些灰蘚，一方面作為裝飾，另一方面用來觀察瓶中溼度。若灰蘚太乾或枯黃，即表示瓶中溼度不夠。

06

最後，噴水清洗玻璃瓶和植物，至土層溼潤但不積水就完成了。

TIP

　　種進土中的蝴蝶蘭在開完花後，可以將花謝的植株移出另外安置培養，接著再連盆放進一株新的開花植株。

1. 開放式瓶中花園的照顧，最重要的就是保持土壤溼度但不積水。
2. 放在光線充足的地方，2 ～ 3 天澆水一次即可。
3. 蘭花可連同塑膠盆放入瓶中，再以苔蘚覆蓋，便於日後更換。
4. 室溫避免過高，蘭花易凋謝，室溫在 28℃以下，照度 1000lux。

10 | 一起來露營吧

　　該作品主要是描繪河岸景觀，利用顆粒大小不同的石頭，再加上一些苔蘚和植物即可以完美呈現。石頭＋苔蘚這組合真是太迷人了，可以千變萬化。在河岸邊、樹林下露營的感覺真愜意，若只用一棵有姿態的大樹來代替很多筆直的小樹，也是可行的喔！

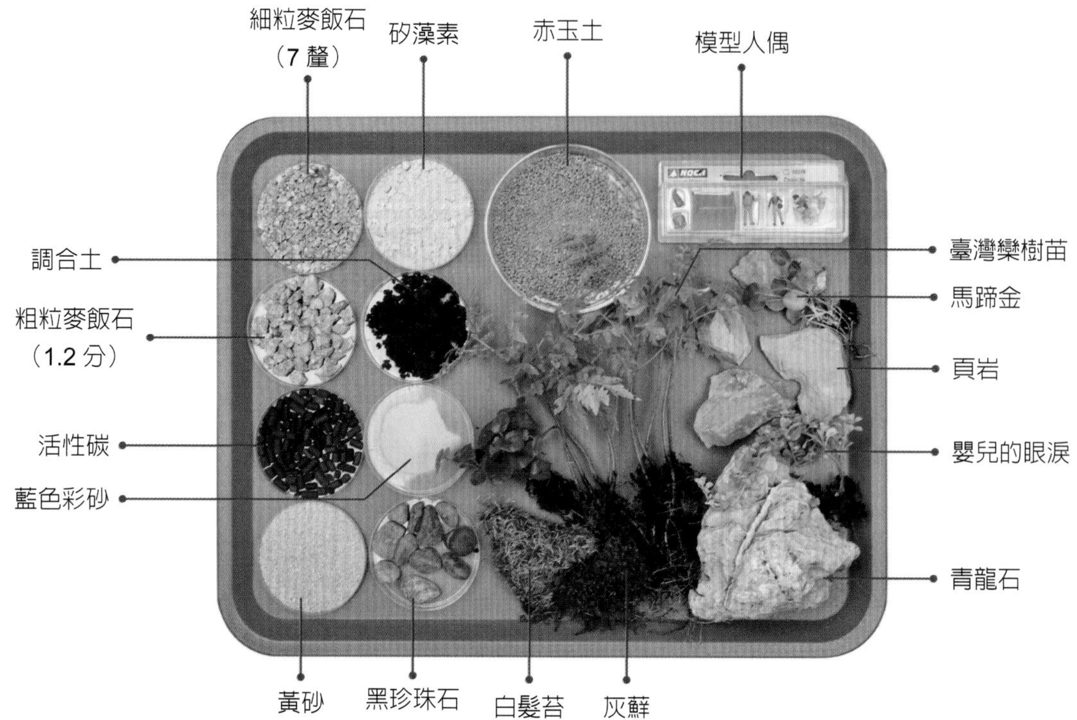

How to make

01

在瓶底靠近玻璃壁鋪上一圈粗粒麥飯石（1.2 分），中空處鋪上活性碳，接著於外圈鋪層細粒麥飯石（7 釐）。

02

鋪一層薄薄的赤玉土蓋住石頭和活性碳，再灑些矽藻素準備植入植物。

03

在瓶底的中央靠左側放置青龍石，作為河流與陸地界線。

04

在青龍石左後方植入臺灣欒樹苗。先用調合土固定植物較粗硬的根系，再覆蓋赤玉土做出岸邊較高的地勢。

05

在青龍石前側放置頁岩，做出水岸。利用頁岩的厚度，做出河岸與河面的高低差，也可以兩塊頁岩堆疊在一起，讓岸邊看起來更高。

06

在樹下岸邊鋪上白髮苔。面積較大處可一大片一大片的鋪，石頭旁邊再一小撮一小撮的填滿空隙。

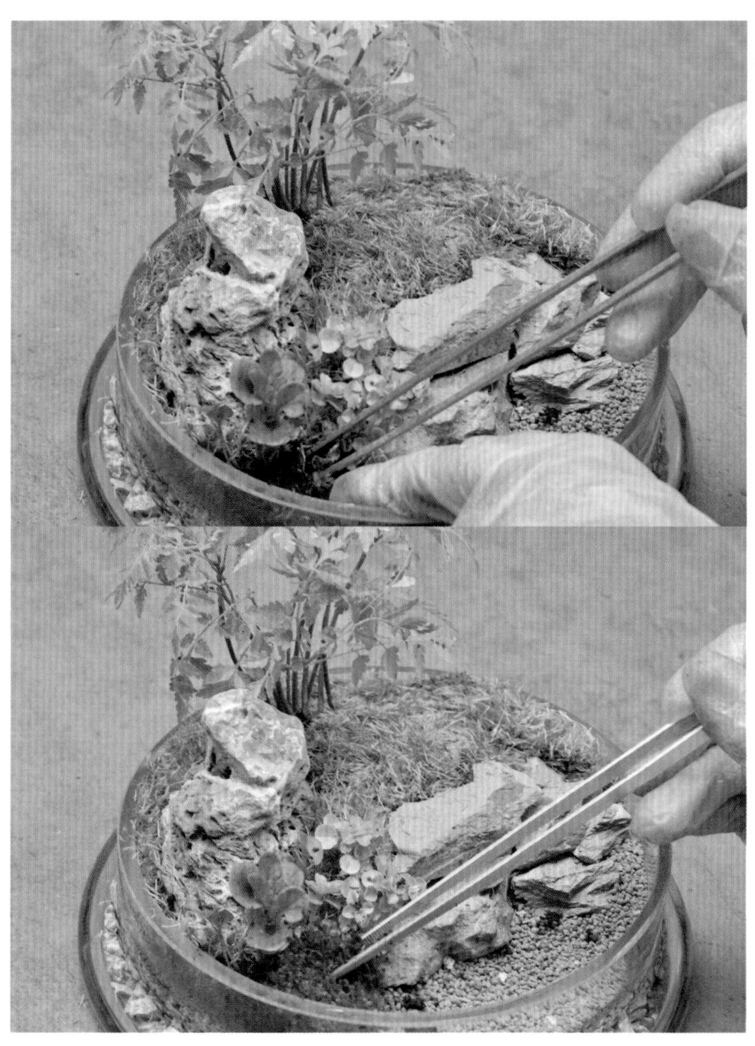

07

於青龍石前方，水岸一側種植嬰兒的眼淚和馬蹄金等低矮小植物，同時在植物和頁岩下方鋪一點灰蘚。

08

接下來布置河流。先放置一些黑珍珠石，仿製河床的鵝卵石，再鋪上黃砂，仿製沙灘模樣，最後以藍色彩砂做出河水效果。

09

在河岸邊布置露營的小人偶。最後，噴水至土層溼潤但不積水，作品就完成了。

照顧重點

1. 罩鐘式的玻璃瓶在玻璃罩與底座之間有縫隙，水氣會從這裡流失，因此至少一個月要補水一次。
2. 木本植物對光線需求強度較高，也可能需要較長時間適應瓶中生態，照顧起來需更有耐心；不斷修剪可以使植株迷你化。
3. 室溫 28°C以內，照度約 1500 ～ 2000lux。

CHAPTER

5

高階作品示範

利用三角形構圖來凸顯空間感，強調遠、中、近景的視覺焦點，創造出景深，讓畫面更有層次。

三角形構圖指的是，畫面一開始由三個物件展開，彼此呈現三角形的關係，也可以視為遠、中、近景的各個焦點。適合新手在沒有靈感時操作，也可以用於歸類整理素材，挑選出最適合造景的元素。

在比例上，以三角形構圖來選擇搭配的植物，只要有大中小三種尺寸的組合，畫面就會很和諧。通常視覺焦點會是最大尺寸植物、石頭或擺飾，把石頭、樹幹和葉片的主要線條當作畫筆畫出來的構圖，擺放這些線條時，盡量不衝突、凌亂，也不要僵硬的排成一條線，就能避免突兀之感。

1 | 春日山澗

用調合土黏住石頭打造出山勢，在前景和中景運用植物與石頭烘托水岸風光。山澗的部分，用小石頭排出「之」字形的線條，呈現水流的動感力量。只用單一種苔蘚，傳達靜謐感。

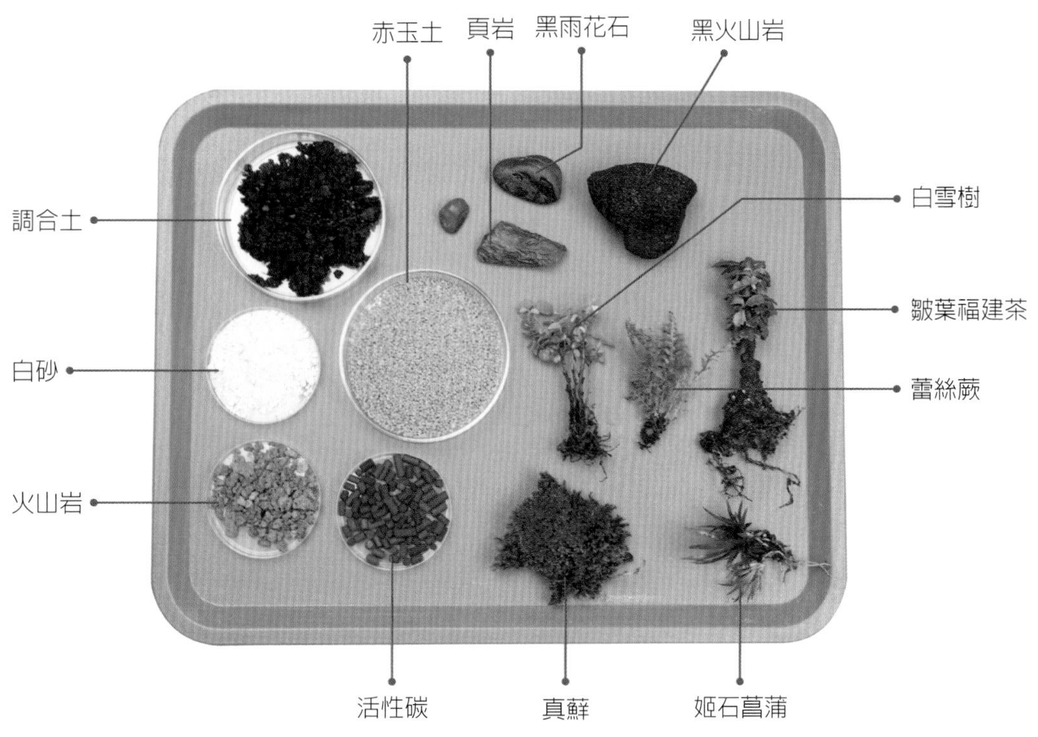

How to make

01

在瓶底依序一層層鋪上火山岩、活性碳和赤玉土，接著在玻璃瓶內側，用調合土堆出一個山坡。

02

用土堆出一個山坡後，在高點放置大塊的黑火山岩，用土黏住，看起來就像一個山頭。

03

在左上方植入第一棵較高的植物——皺葉福建茶。將植物的根放置在土層上，用調合土覆蓋壓緊固定。

04

用一塊頁岩設定瀑布的出水口，也形成次高的山頭。因為是側開口容器，封閉面較難施作，所以要從後面往前做。不用石頭的話，也可以直接鋪苔蘚。

05

在不容易施作的玻璃瓶裡，也可以先將植物的根團用調合土包覆好，捏成底部平整的土團，再放入瓶中。這裡的第二棵植物——白雪樹放在中間偏右，再壓緊固定。

06

第三棵植物在左前方植入蕾絲蕨作為前景。因為這三棵植物看起來體積相當，為了凸顯視覺重點，在山頭下方補種一棵姬石菖蒲、和山頭的皺葉福建茶，形成另一個三角形焦點。

07

接著開始布置瀑布的水道，重點是用石頭的線條排成「之」字形，呈現水切的力道。先在白雪樹下方放置一塊較大的頁岩和一個小黑雨花石，完成水道的一側。

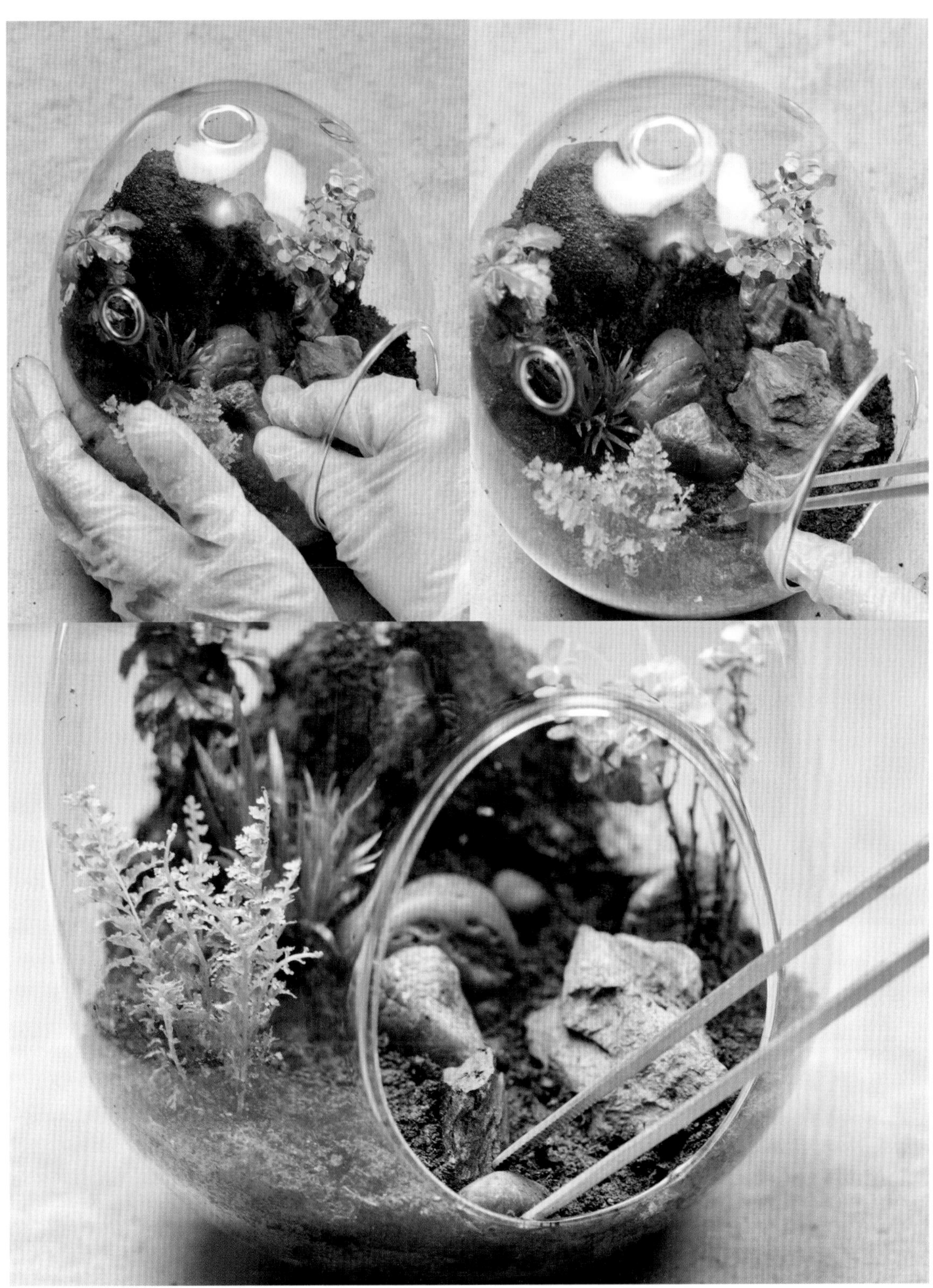

08

另一側再用卵形的黑雨花石和小塊頁岩，以橫豎依序排列，就會出現「之」字形水道。

09

水道鋪設完成，在河口點綴一棵姬石菖蒲，作為前景的延伸，放大畫面。

10

然後鋪真蘚。先鋪大塊的面積，一片片貼緊土層，再補縫隙。河道的石縫、樹下，用鑷子一撮一撮的填滿縫隙。真蘚的假根太長或泥土太厚，都可以修剪變薄，這樣比較好緊密鋪貼在土層上。

11

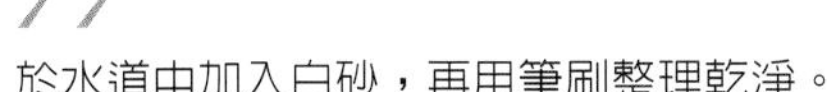

於水道中加入白砂，再用筆刷整理乾淨。

12

最後，噴水洗淨植物和玻璃瓶，就完成了。

1. 土壤保持溼潤，每天澆水一次，噴水數次，瓶底不積水。
2. 真蘚喜歡明亮環境，對光線需求較高，也怕悶熱。
3. 室溫 28˚C以下，照度 1500 ～ 2000lux。

2 | 提燈花園

如何改造提燈造型的燭臺，變成瓶中花園呢？用一個方形的壓克力盒當作種花的容器就可以了。利用調合土的黏性，把植物固定在方盒中造景，再鋪上苔蘚，就可以創造出一個景觀。這裡選用長的很像芭蕉的蔓綠絨，以及很像楓樹的小紅楓，一剛一柔，就是一個充滿東方風情的小庭園了。

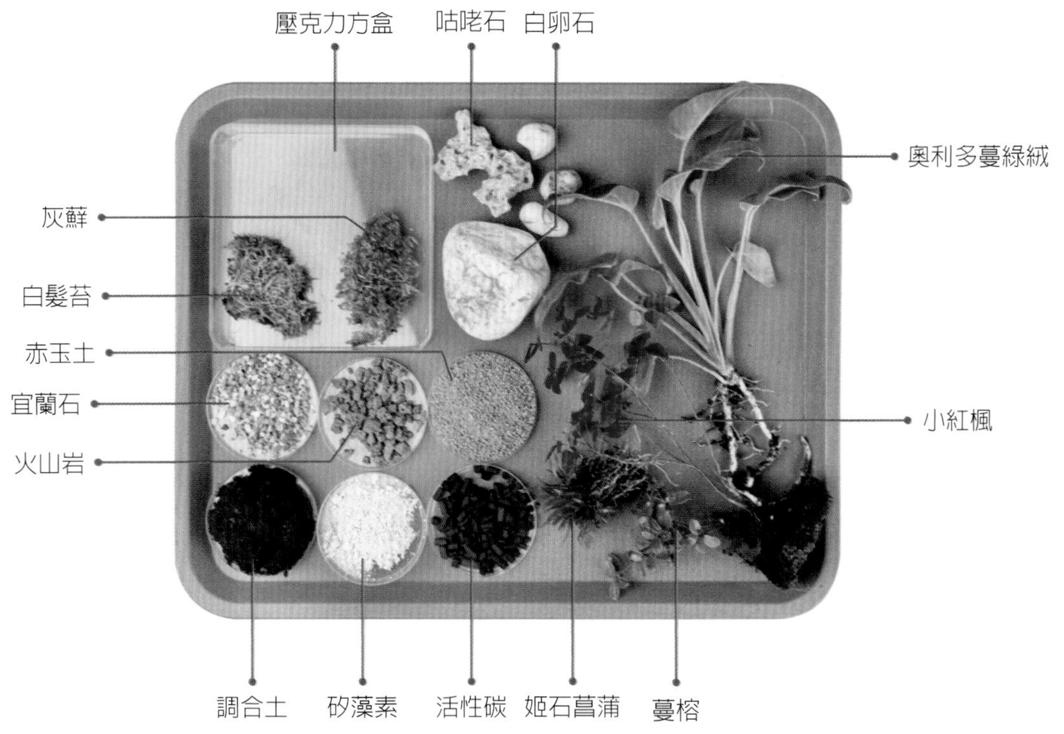

How to make

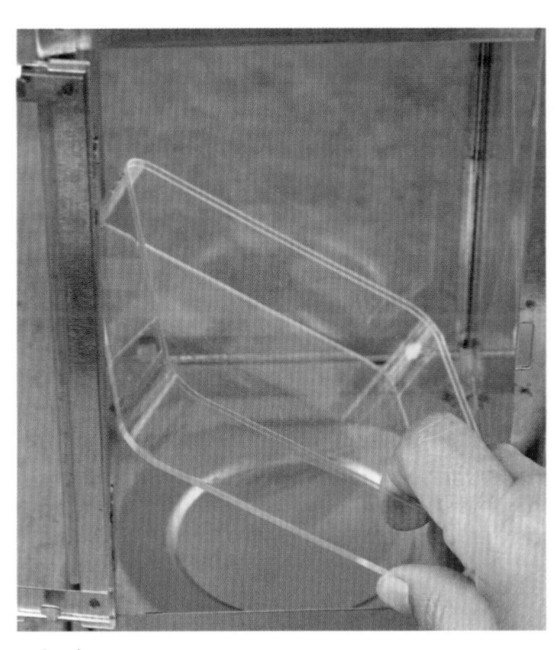

01

在提燈燭臺裡放進一個 10×10 的壓克力方盒當作底盤。

02

在底盤裡依序鋪上火山岩、活性碳、赤玉土和矽藻素。

03

將奧利多蔓綠絨放在左後方底盤上，調合土捏成泥球，用來壓緊植物的根系做固定。

04

在植物旁邊放造景石（白卵石）。

05

在奧利多蔓綠絨和造景石之間植入姬石菖蒲，形成第一個視覺焦點。用赤玉土覆蓋植物的根部，如果根系較浮難以固定，可以噴點水，讓土壤顆粒凝結不易滑動。

06

側開口容器從後面密閉處往前方開口施作，一邊種植物一邊鋪設地景，在蔓綠絨下方鋪灰蘚，造景石下面鋪宜蘭石。

07

接著施作前景。在左前方的部分，用咕咾石界定出花園小徑的動線和入口，然後在石頭後面種一株有延伸感的蔓榕。

08

接著在右前方植入小紅楓，同樣用調合土固定根團。

09

在小紅楓下方的土團鋪上白髮苔。剪去較厚的假根和泥土，一大片一大片的緊貼土層，再一撮撮填滿縫隙。鋪好之後看起來是圓圓的一球。

10

在左側的咕咾石下方也鋪一些白髮苔，讓庭園小徑造景更清晰。

11

用白卵石和宜蘭石布置小徑，再用筆刷整理造景。

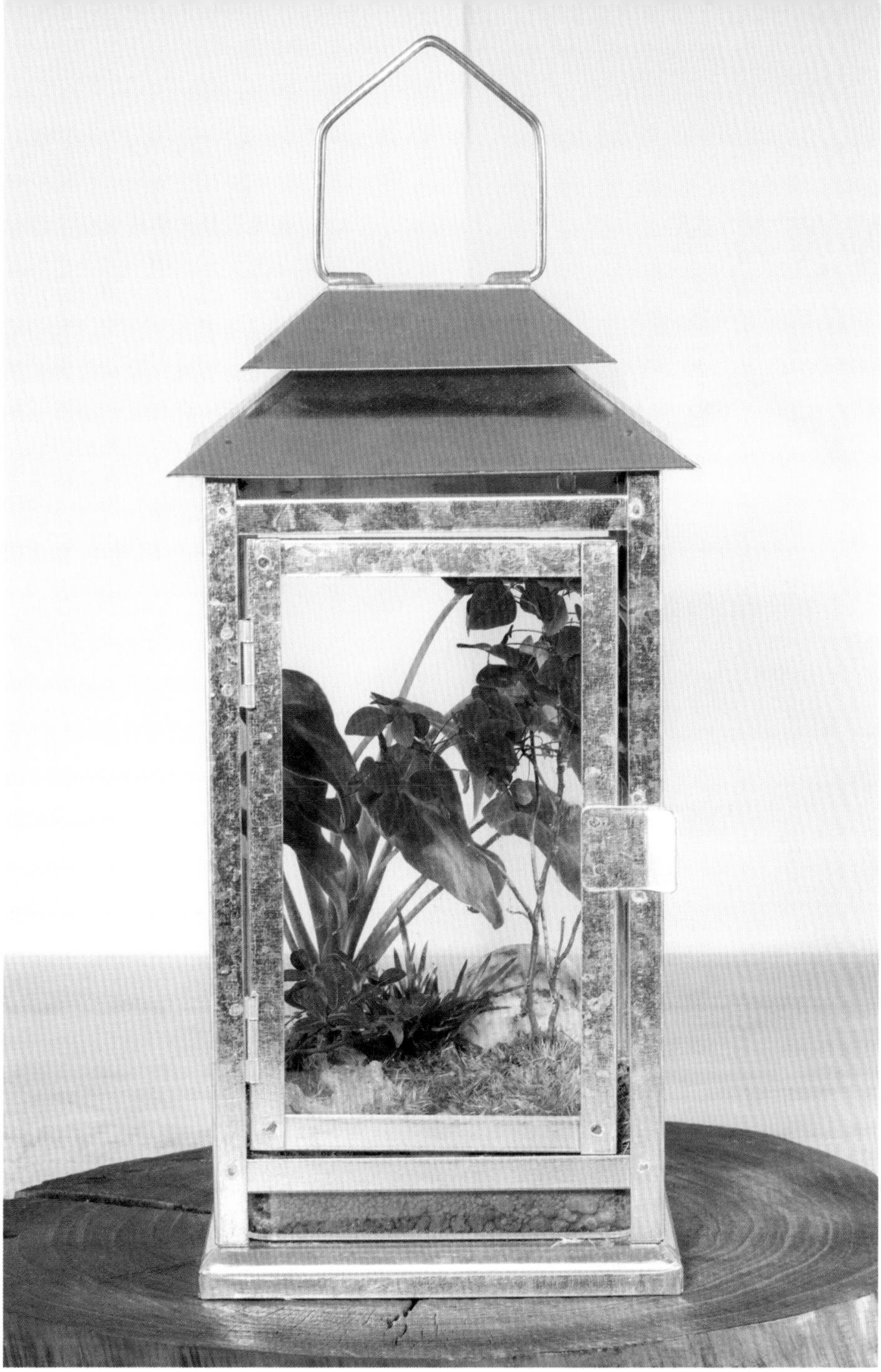

12

噴水洗淨植物，作品就完成了。

照顧重點

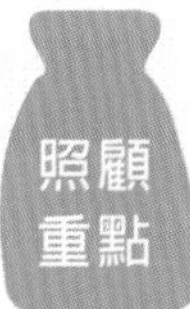

1. 提燈造型容器並沒有密閉，屬於半開放式，適合需要保溼的植物如小紅楓和白髮苔，大約 2 ～ 3 天就要補一次水，以保持土壤溼潤。
2. 可於容器上方焊接 LED 燈板作為光源，更具氛圍。
3. 室溫 28℃以下，照度 1000lux。

3 | 萋萋芳草

利用三角形原則，模仿森林中的植物依受光層次而生長的現象，把高、中、低不同高度的觀葉植物組合起來。除了較高的植物接收上方光線，森林植物會緊抓每一道光，從有光的縫隙中長出來，所以可以用補綴的方式，將較低的植物種在較高的植物下方。地表則模仿樹林下苔蘚與小植物共生的狀態，把生態感表現的非常生動。

How to make

01

在玻璃瓶底沿著玻璃壁鋪一圈粗粒的宜蘭石，中間的空洞用活性碳填滿。

02

然後在粗粒的宜蘭石上鋪一圈黑珍珠石，封住縫隙避免更細的土壤掉落，也形成花壇般的層次。

03

接著在活性碳和石頭上鋪一層薄薄的赤玉土，撒上矽藻素準備種植物。先植入竹柏，用鑷子夾住植物的根放進瓶中，再用赤玉土覆蓋其根部。

04

在竹柏的前方植入較矮的蜂鬥草，旁邊再植入紅寶石粗肋草。三棵植物以高、中、低的層次集中種在一起，形成視覺重心。

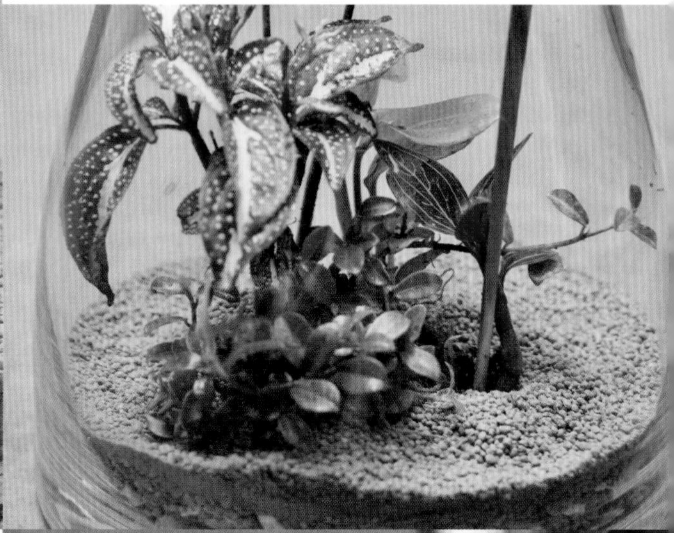

再以補綴方式填滿空間的概念，用較矮小或細瘦的植物來增加主要植物的分量。在蜂鬥草下面植入蔓榕，在紅寶石粗肋草下面種西洋金線蓮，在竹柏旁邊種黃金絡石。

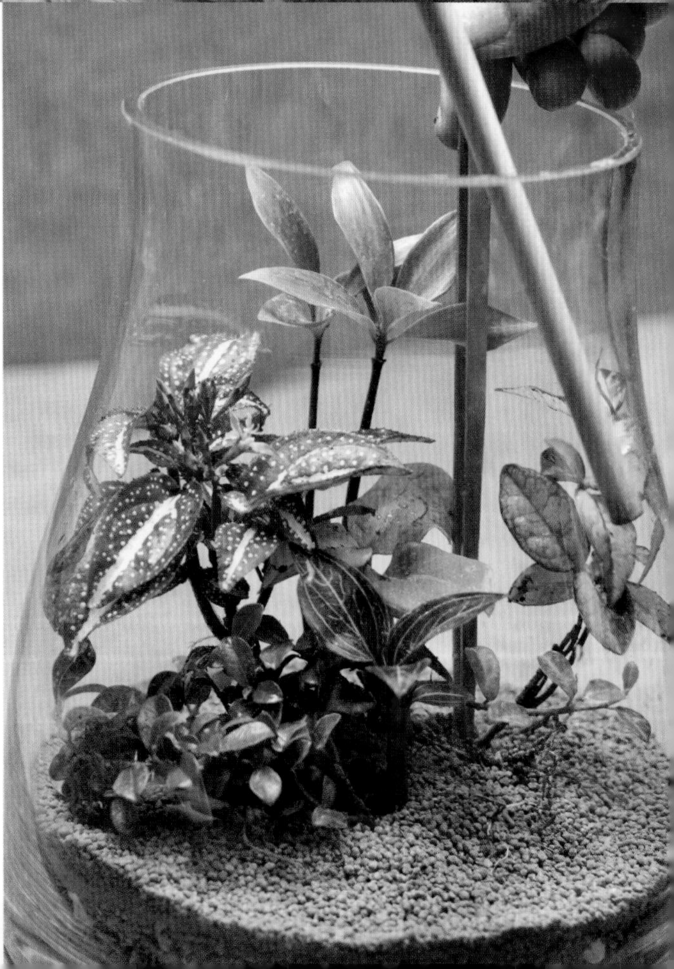

06

因為玻璃瓶底部較寬，接下來要處理較大面積的地景。用更矮的植物 — 白網紋草、石頭和苔蘚，模仿森林底層的樣貌來布置。

07

除了正面種滿植物之外，背面也要處理。用黃卷柏填補植物下方的空缺。

08

地表鋪滿黑珍珠石和白髮苔作裝飾。

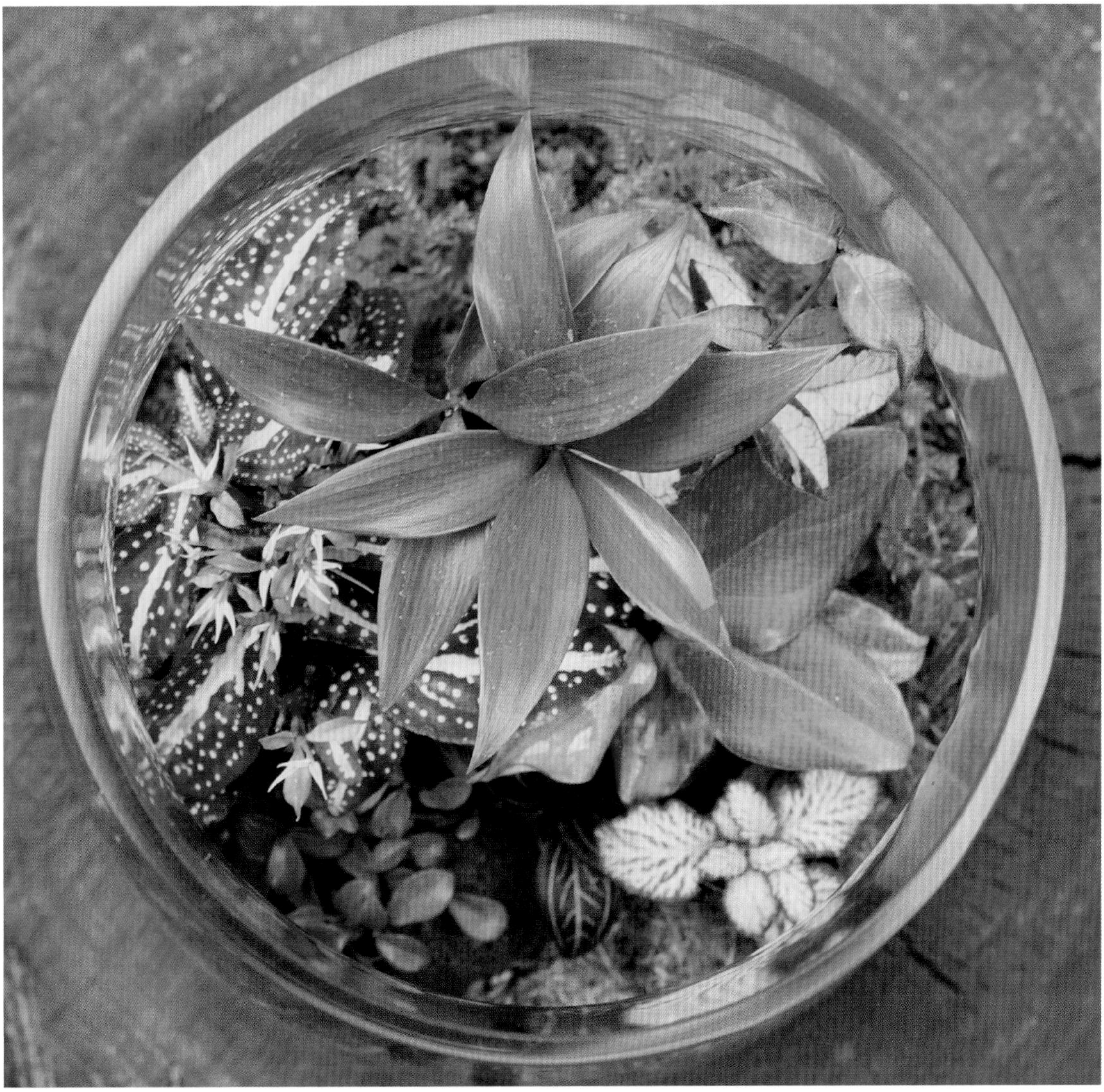

09

可以看到葉片均勻的分布在瓶中。
最後噴水，作品就完成了。

照顧重點

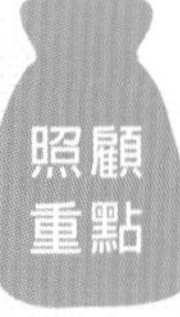

1. 只要光照充足，網紋草會呈現匍匐生長，植物的層次可以維持很久。
2. 植物密度雖然較高但葉片都能充分受光，只要維持植物自主循環的溼度，瓶底不積水，就不會有爛葉的問題。
3. 室溫 28°C以下，照度 1000 ～ 1500lux。

4 | 老樹新生

森林是如此生生不息！倒下的巨木，將身體用來滋養更多生命。利用枯木的縫隙和孔洞種植植物和苔蘚，表現森林底層的生態，枯木和圍繞著枯木生長的小植物，呈現出歲月的滄桑和新生命的欣欣向榮。

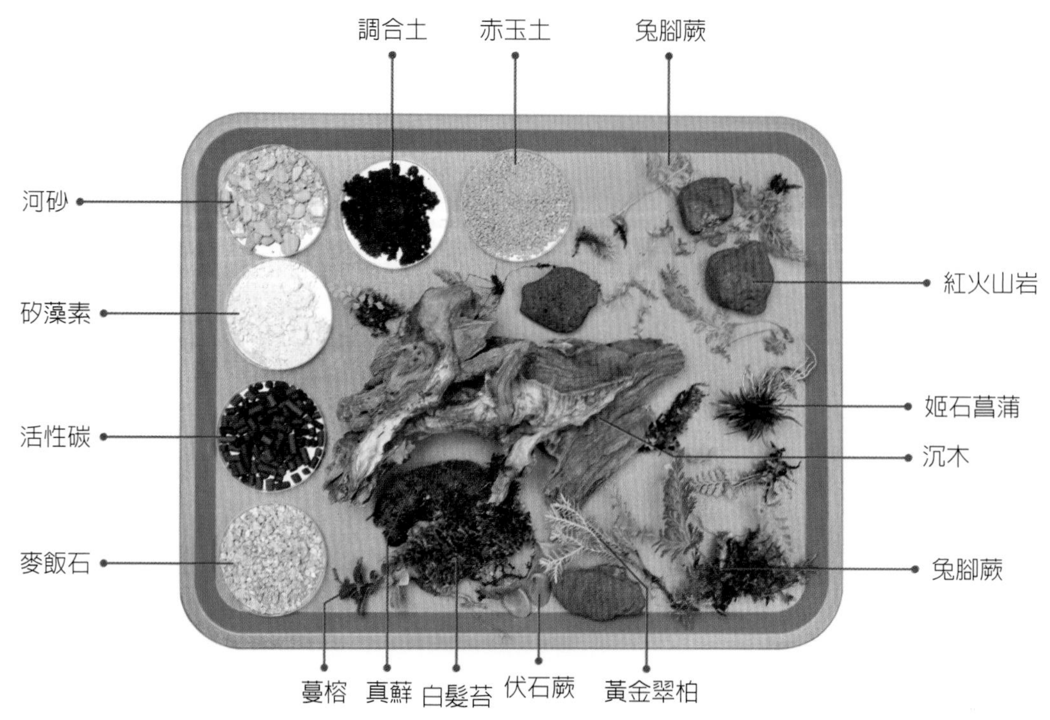

How to make

01

在玻璃箱底部依序鋪上麥飯石、活性碳和赤玉土，撒上矽藻素待用。

02

將白髮苔和兔腳蕨種在沉木的縫隙中。如果縫隙較深，可以先填進一些調合土再植入。將兔腳蕨根部包裹一些調合土，然後塞進木頭的孔洞縫隙中。

03

將種好植物的沉木放進玻璃箱中，在沉木周圍放置火山岩作為裝飾與固定。

04

在枯木與石頭之間植入小植物：由左至右分別是伏石蕨、姬石菖蒲、黃金翠柏和蔓榕。可以用赤玉土或調合土覆蓋植物的根部。

05

在沉木和地面上補種一些苔蘚。這裡使用的是真蘚與白髮苔。

在裸露的土層上鋪河砂，做出地面的質感，再用毛筆整理一下，噴水後作品就完成了。

1. 使用能夠沉水的沉木，由於密度較高，通常不易腐爛。
2. 只要持續使用酵素稀釋液，讓木頭布滿好菌，也不易發霉，一段時間後就能於瓶中融入穩定的生態。
3. 室溫 25°C左右，照度 1500 ～ 2000lux。

5｜靜待捕捉

用溼潤的調合土黏住石頭，貼上苔蘚，做成山壁的造景，再種上幾株毛氈苔，就像它們在原生地的模樣。除了毛氈苔，也可以其他植物為主角。這個作品示範了立體造景的基本作法。

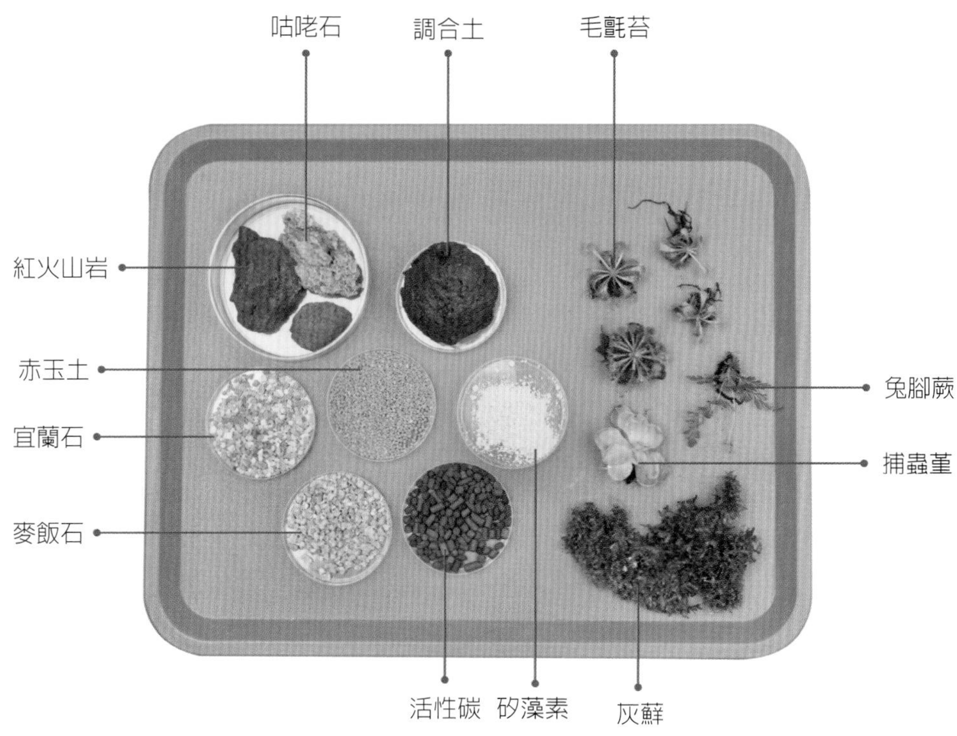

How to make

01

先做立體面。玻璃瓶可以倒放施作。

02

在玻璃瓶的一側鋪上厚度約 0.5 ～ 1cm 的調合土。先不要壓緊，只要不鬆脫即可，先為山壁打底。

03

在土層上黏石頭。（將石頭輕輕地順著玻璃壁的方向推進土層中，石頭和玻璃之間一定要有足夠的土，擠壓掉土壤中的空氣，才能利用真空作用吸住石頭，使其不掉落。避免以石頭直接加壓玻璃瓶，以免導致破裂。）可以噴點水使泥土溼潤，更具有黏性，也可以用手指撥動一些泥土，鑲住石頭四周，會更穩固。

04

接著植入植物。把毛氈苔的根捲起來，塞進山壁土層，也可以再加一點調合土壓緊，讓它更為固定。

05

再鋪苔蘚。
用剪貼的方式，將灰蘚一大片一大片的鋪在壁上。

06

用鑷子的尖端，將灰蘚扎進土中密合土層，可使灰蘚不脫落。

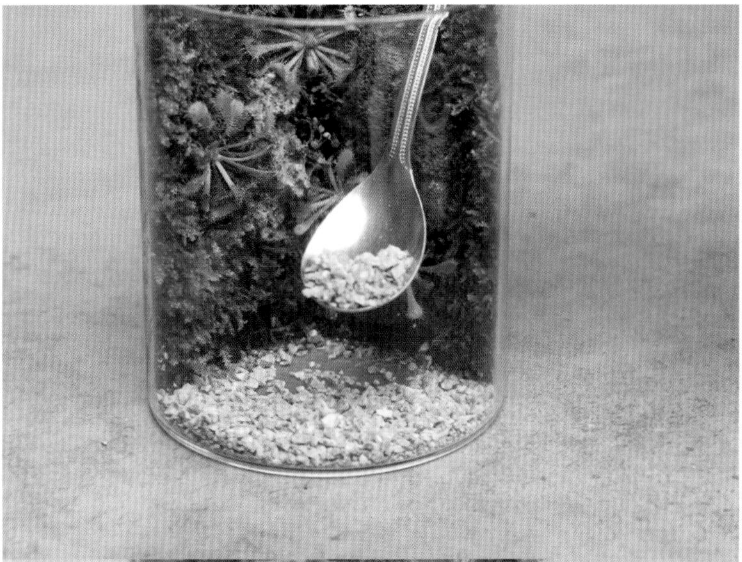

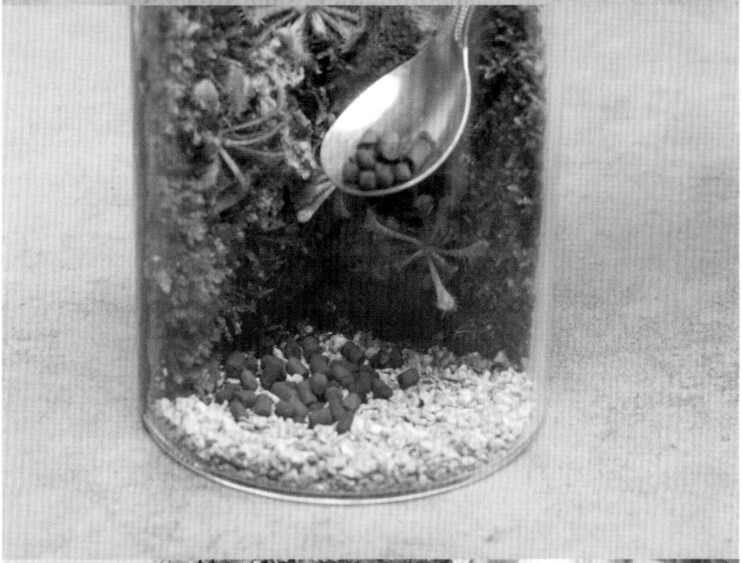

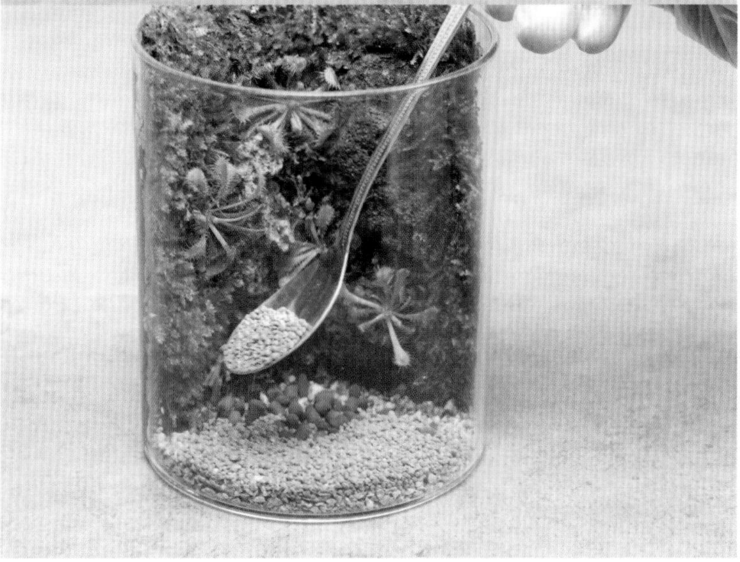

接著將玻璃瓶立起施作，鋪設瓶底介質。

依序鋪設麥飯石、活性碳和赤玉土。活性碳可以靠山壁放置，避免在玻璃瓶壁外觀露出。赤玉土鋪薄薄一層後再灑上矽藻素，準備種植物。

08

先種捕蟲堇。用赤玉土覆蓋根部之後，鋪上灰蘚。

09

再種一棵兔腳蕨，同樣用漏斗加赤玉土覆蓋根部。

10

最後鋪上一點宜蘭石裝飾。

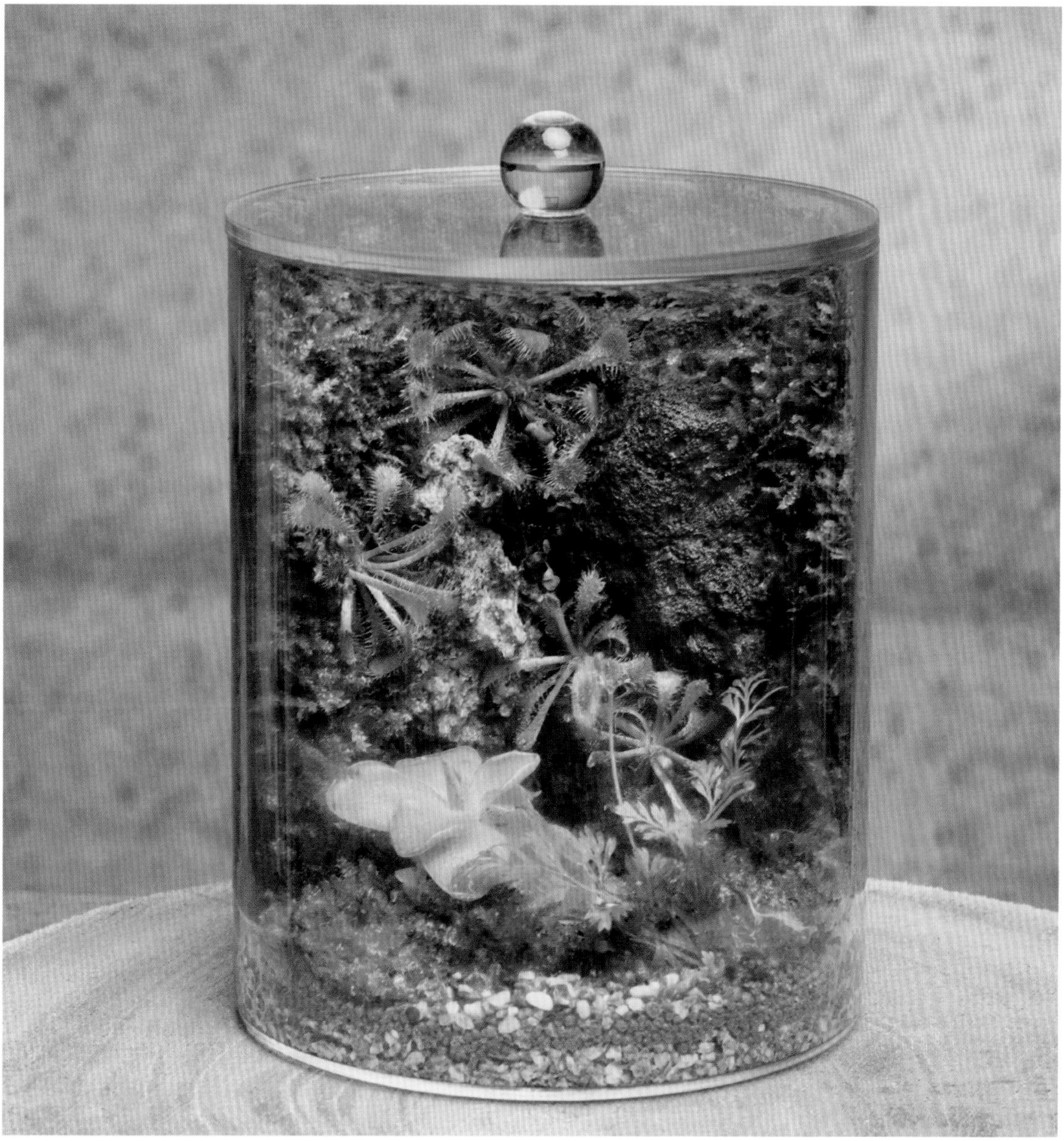

11

噴水洗淨玻璃瓶和植物，溼潤土層，
瓶底不積水，就完成了。

1. 毛氈苔對光線有一定的需求度，植物要對準光源，且要均勻受光。如果光源在上方，種在山壁凹陷處的毛氈苔可能會吃不到光，要稍微注意一下。特別是放在窗邊時，不能只讓山壁的泥土面受光，要記得轉動瓶子。
2. 灰蘚如果太長了可以經常修剪。
3. 室溫 28°C以下，照度 1000lux。

6 | 郊山散策

利用堆高土壤創造地形地勢，將視覺重點擺在遠景，種植有造型的小樹搭配醒目的擺件，其他的植物和造景都用來烘托這個主題。例如，將樓梯作為中景的重心，前景則是棋盤式的地面。視覺分布由上而下遞減，層次分明。

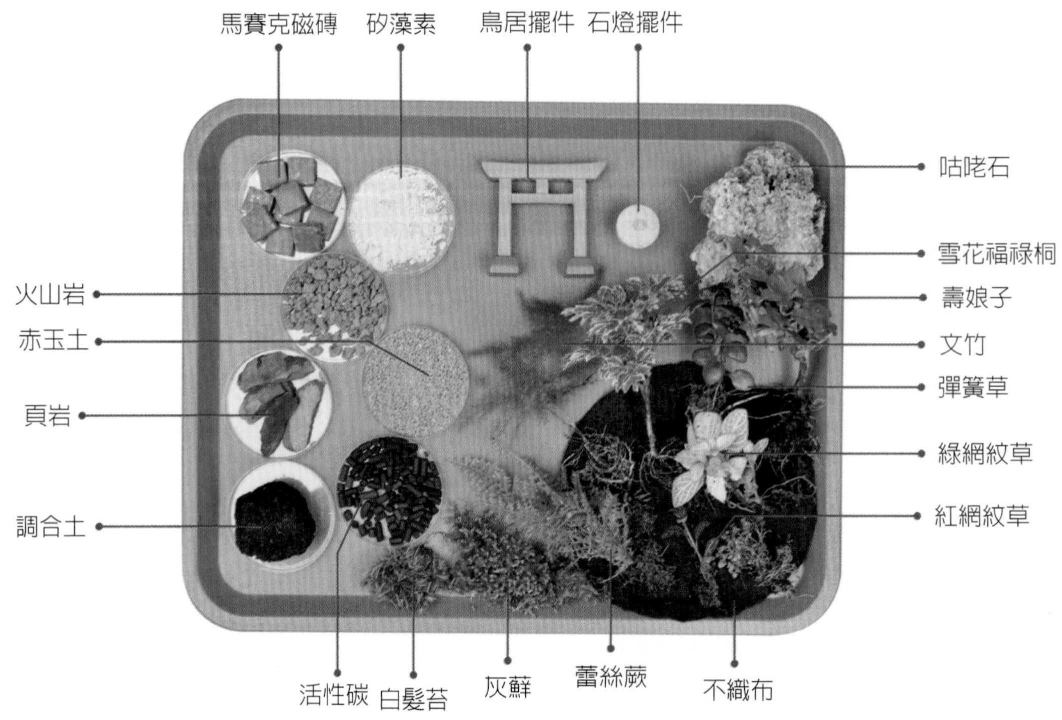

How to make

01

在直徑 16 公分的玻璃球底部鋪設一層 1 ～ 1.5 公分厚的火山岩和活性碳，再用直徑約 14 公分的不織布覆蓋，作為隔層。

02

在不織布隔層上鋪一層赤玉土，撒上矽藻素準備造景。先在左側放入較大的咕咾石，再於左上方，石頭旁邊植入主要的造型樹 — 壽娘子。小樹的根部可以用調合土固定在造景石旁邊，再覆蓋赤玉土，這樣石頭和樹就同時固定了。種樹覆蓋根團形成的土堆，可以利用其作為山坡造景。

03

在右側放入較小的咕咾石，再於右上方的石頭旁邊，植入像竹林一般的蕾絲蕨。兩塊石頭中間就形成了通道般的空間，可以用來鋪設樓梯。

04

將石片插入土中。兩片相疊時，先在底下的石片上加一點土，稍微噴溼讓土不滑動，再放置上面的石片，就會有墊高的效果，創造出階距，效果更好。在墊高階梯的同時，也堆高遠景（造景石後方）的地勢。

05

為了裝飾中景的石頭和樓梯，種一些小植物使花園更加豐富。左右兩側依序種的是雪花福祿桐、文竹和紅網紋草。

06

原則上，遠中近景的結構這樣就已經建立完成了。如果想要畫面看起來更豐盛，可以再補綴一些小植物。例如，在前景種一撮冰淇淋卷柏，在遠景種一株彈簧草，最後放入鳥居擺件。

07

接下來的近景，完全以地面的紋飾來呈現。先用 1.5 公分的馬賽克磁磚鋪出棋盤狀的地面，再於間隔的磁磚中，鋪上和磁磚同等面積的白髮苔，變成一格磁磚一格苔蘚的構圖。白髮苔剪成磁磚大小使用，放入空格，緊貼土層。

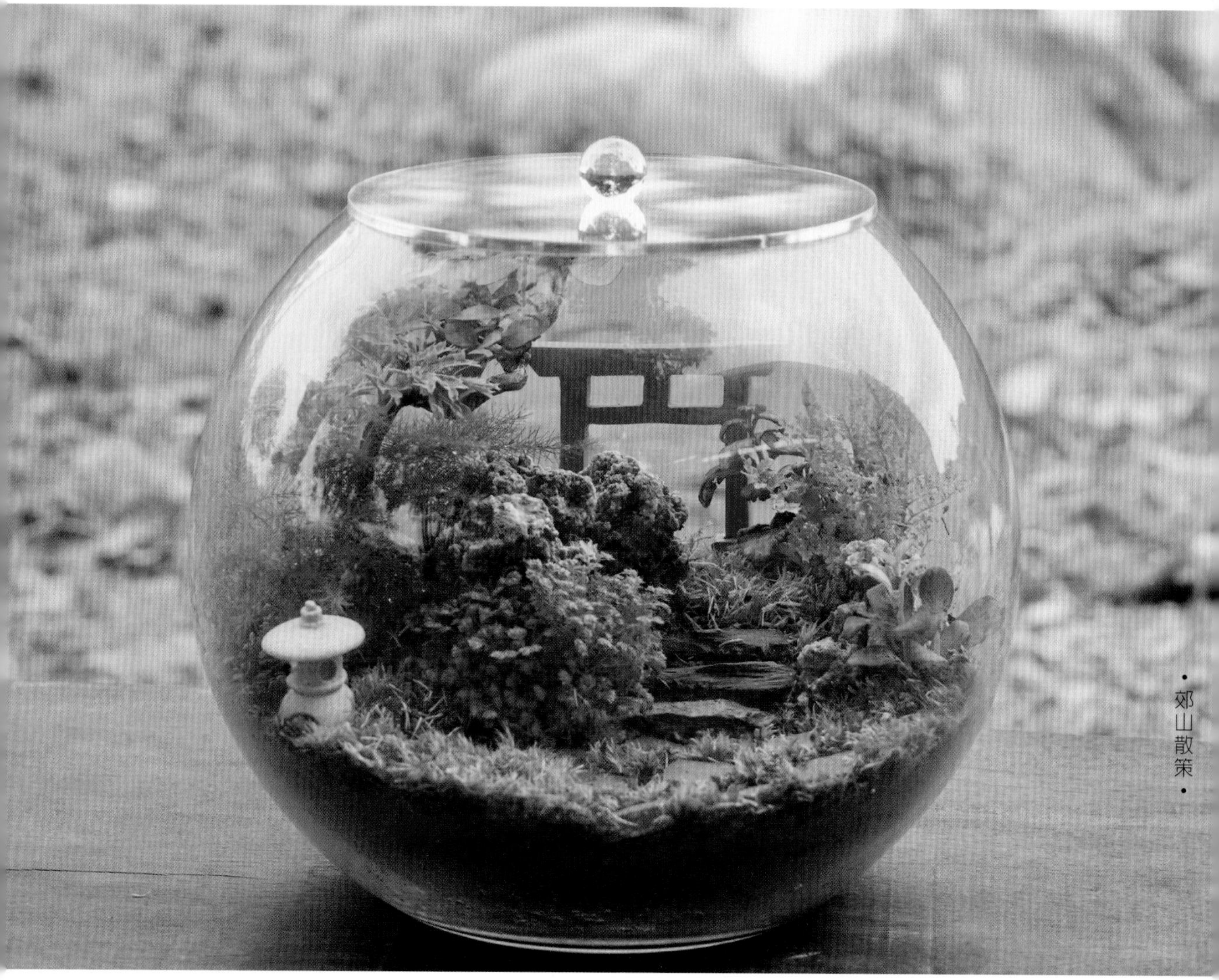

08

棋盤地景以外的地面則鋪滿灰蘚，最後放入石燈擺飾，噴水洗淨玻璃瓶和植物就完成了。

照顧重點

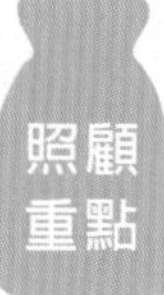

1. 只要光線充足，避免過熱，生態穩定後就很好照顧，造景也可以維持很久。
2. 壽娘子徒長的枝枒可以經常修剪，維持造型。
3. 室溫不超過 28℃，照度 1000 ～ 1500lux。

7 | 天門山之梯

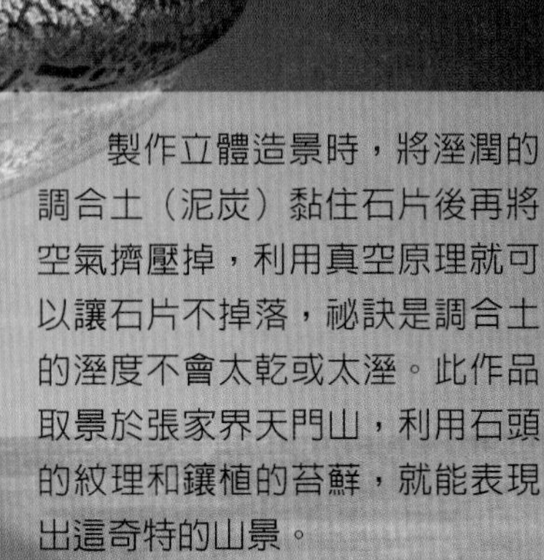

製作立體造景時，將溼潤的調合土（泥炭）黏住石片後再將空氣擠壓掉，利用真空原理就可以讓石片不掉落，祕訣是調合土的溼度不會太乾或太溼。此作品取景於張家界天門山，利用石頭的紋理和鑲植的苔蘚，就能表現出這奇特的山景。

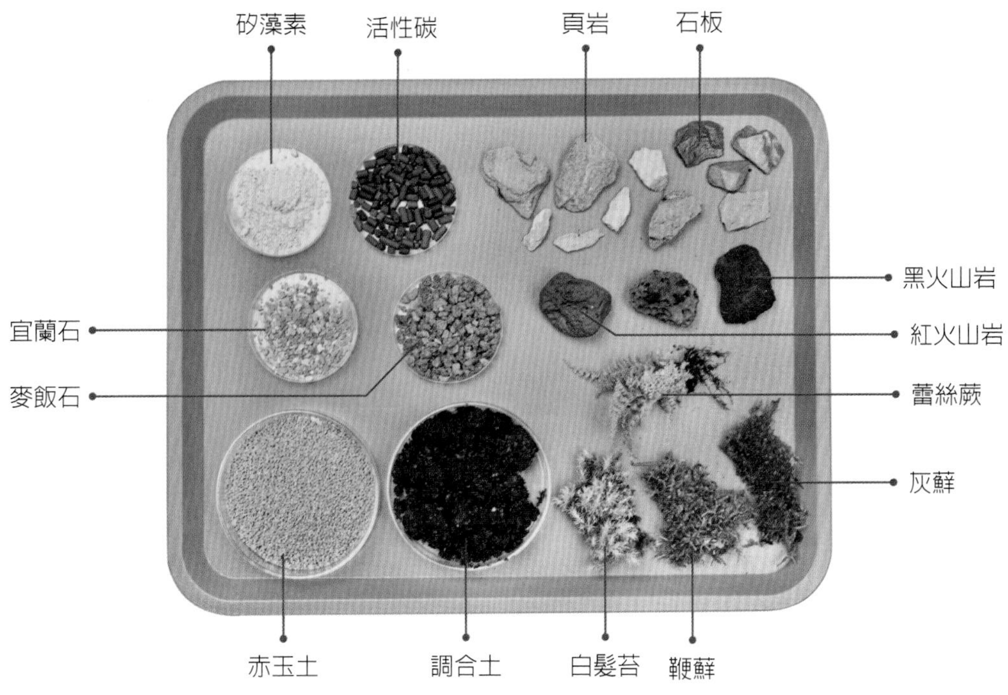

How to make

01

將玻璃瓶倒放，把調合土鋪在一半的玻璃瓶壁，泥塑造型出拱門和山洞，然後貼上石片。石片和玻璃之間一定要有調合土作為黏著。先只貼出上半部的山洞和拱門，下半部的樓梯稍後再直立施作。

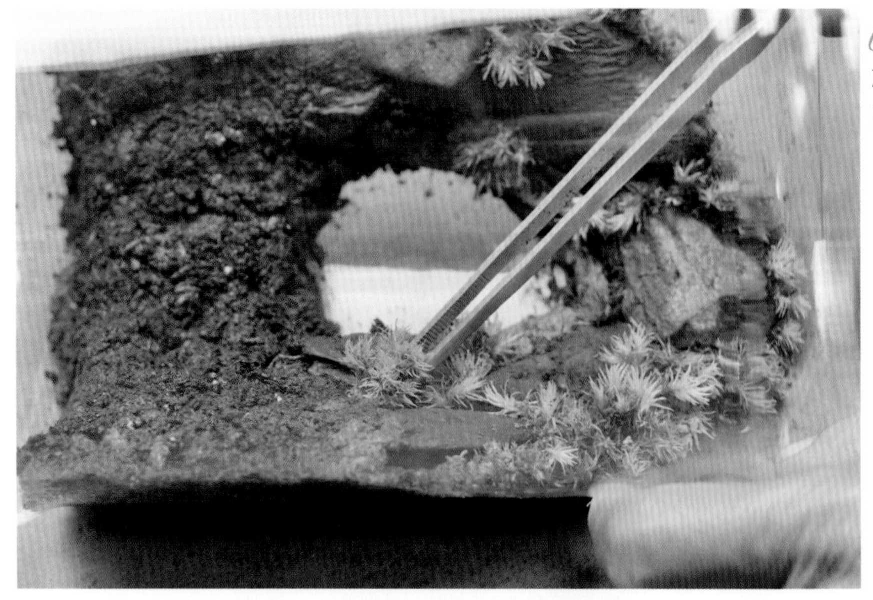

02

於石縫間插進一撮撮的白髮苔。

03

在瓶底依序鋪好麥飯石、活性碳和赤玉土。接著在山洞下方多加一些調合土，堆成三角錐體，為鋪設樓梯打底做地基。

04

在調合土地基上做出樓梯。將石片一片片插進土中，兩片石片中添加少許調合土作為黏著，墊高為階距。大片的先鋪，小片的後鋪，讓樓梯呈現越來越小的樣子，視覺上看起來更高。樓梯盡量有一點斜度或彎曲，看起來會更自然。

05

樓梯鋪好之後，再於兩側加入大顆的火山岩造景石，讓樓梯的結構看起來更加穩固。

06

結構完成後，再植入苔蘚。於大片的面積以剪貼方式鋪上柔軟的鞭蘚和灰蘚，石縫旁則可以補種白髮苔。

07

在左前方種一叢像竹林的蕾絲蕨，
以增加前景的分量。

08

然後在樓梯旁的石縫補種一些白髮苔、灰蘚和鞭蘚。

09

在留白處裝飾宜蘭石。

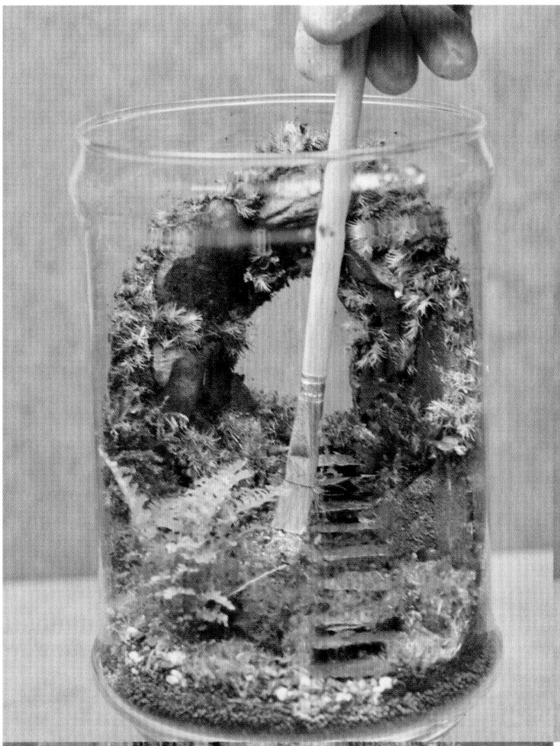

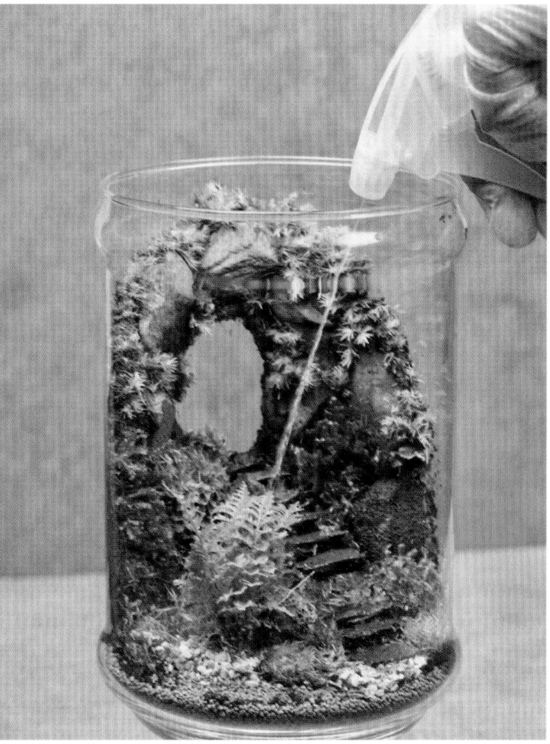

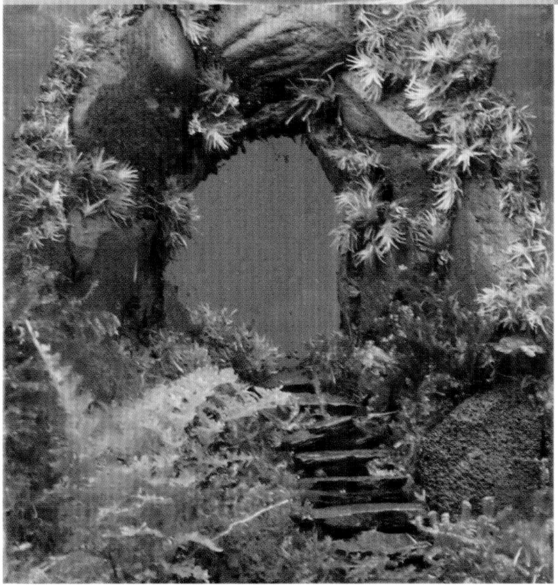

10

用筆刷整理畫面，噴水洗淨樓梯上的土粒，這樣就完成了。

1. 保持調合土溼潤，才能避免石片鬆脫。
2. 灰蘚長得較快，可以經常修剪。苔蘚有時會長出許多小草，可以視美觀與否決定是否拔除，過多顯得雜亂當然就不適宜。
3. 如果發現有小蟲，再輕灑一些矽藻素，噴水融進土中，就可以發揮殺蟲的作用。
4. 室溫 28°C以下，照度 1000lux。

8 | 林間小徑

公園和郊山是我們最容易親近的大自然，任何一條前往的小徑都是我們所熟悉的。將植物分立兩側，設定統一的光源，調整葉片和樹幹至相對應的姿態，就能種得栩栩如生，重現林間小徑的美，彷彿隨時可以走進去般。

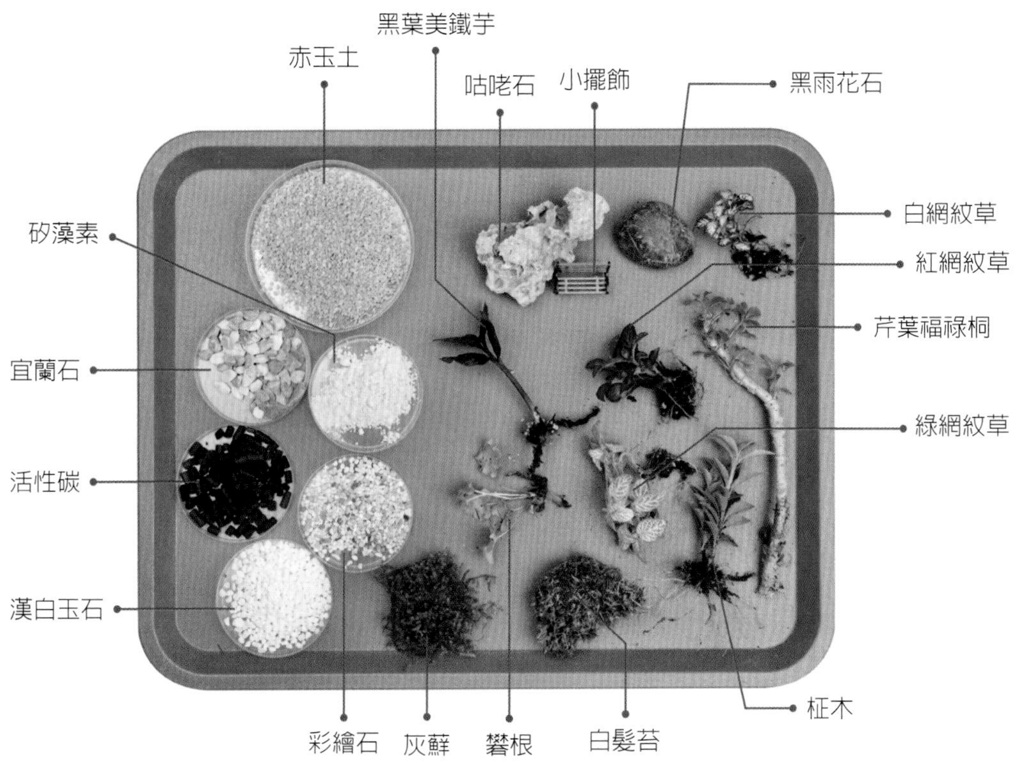

How to make

01

先在瓶底鋪上一層粗粒的宜蘭石，中間放活性碳，在靠近玻璃壁的地方再鋪一圈細粒的漢白玉石，在底部形成美觀的層次。

02

接著鋪上一層薄薄的赤玉土，準備種植植物。

03

先植入芹葉福祿桐，再搭配造景石，將畫面重心設定在左後方。

04

將小樹種在玻璃瓶的兩側，樹幹的弧度就像拱門一樣相對，葉片朝向設定在左上方的光源。然後將較矮小的網紋草種在樹前面。這樣中景和前景大致完成，並且形成小徑的空間。

05

遠景可以轉過瓶子，在後方放置造景石並補種植物。這裡補種的是馨根（長的很像姑婆芋）和黑葉美鐵芋，葉片朝前。

06

矽藻素也可以在鋪苔蘚之前灑於土層上，然後把白髮苔鋪在植物下方增加層次和生態感，也形成了通道的空間。

07

在中間的小徑鋪上彩繪石，其他空白處則鋪上灰藓，放上公園椅。噴水洗淨玻璃瓶和植物後作品就完成了。

1. 對植物的姿態更加熟悉以後，就可以根據不同位置的光源來種植物，呈現出不同境界。
2. 瓶中生態尚不穩定時，瓶子有可能看起來溼氣較多，玻璃壁的水氣如果多到影響觀看植物的視線，可以擦拭掉一些水氣。
3. 光線充足時植物才能產生足夠水分，可以用測光表或照度計為瓶中花園找到亮度至少有 1000lux 的地方擺放，使用自然光時則要避免輻射熱，室溫以 28°C以下為宜。

9 | 桃花春曉

對石頭的線條和樹形掌握更精準之後，只要運用三角形原則造景，也可以利用石頭和苔蘚代替小植物，搭配有姿態和美麗樹幹的小樹，用較少的素材呈現另一種森林意境。

01

將粗粒宜蘭石鋪在瓶底當作排水層，在中間鋪一層活性碳，然後於石頭和活性碳上鋪一層溼水苔作為隔層。

02

用一層薄薄的赤玉土蓋過水苔。

03

接著撒上矽藻素，先在右上方植入較大顆的細葉福祿桐，並且在樹的前側放一顆大型的青龍石，形成主視覺。

04

與主視覺的青龍石相對，在左上方放置另一棵較小的青龍石，讓兩石的呼應帶出畫面動線。

05

然後在第二顆青龍石前側，種一棵較小的細葉福祿桐。

06

在兩組樹石的左前方，種第三棵細葉福祿桐，作為前景，形成此瓶的主題——樹林。

07

加強群樹成林的意境，在右側的大石頭前面，種一棵彎曲的李氏櫻桃，再於左側兩樹之間，種植另一棵李氏櫻桃與之相呼應。

08

地表處理以頁岩和苔蘚為主。先在樹下錯落放置頁岩，然後在已經形成的林間步道鋪上水泥磚，鋪出一條曲線，延伸貫穿整片樹林。

09

鋪設苔蘚。在前景的李氏櫻桃樹下，用真蘚鋪出一個半圓形的根團。其他地方也用赤玉土堆出起伏的地勢，再鋪上真蘚和白髮苔，地面看起來像是綿延的丘陵一般，富有變化。利用兩種苔蘚不同的質感和顏色，創造出豐富的地面紋理。

10

水泥磚鋪成的步道之間，則鋪上灰蘚：用剪刀仔細的將灰蘚剪成條狀，然後塞進水泥磚縫隙中。露出來的灰蘚葉片，看起來就像步道上常見的小草。

11

在剩餘的留白處，鋪上細粒的宜蘭石，讓步道和林間地表看起來更自然。然後用筆刷整理一下苔蘚和各造景的表面，使其看起來界線分明更整潔。

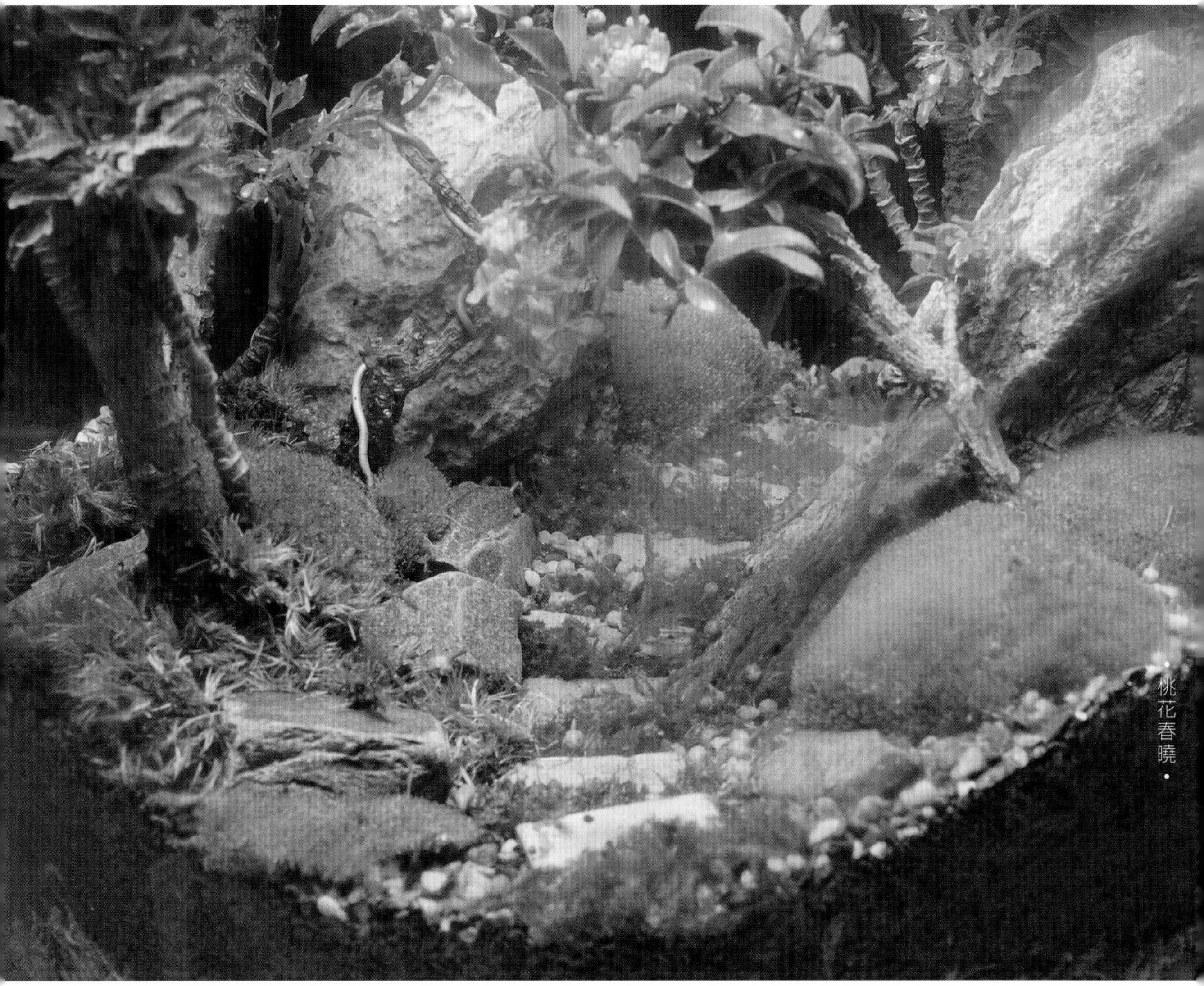

12

噴水洗淨植物和瓶子就完成了。

1. 因真蘚怕悶熱，要放置在較涼爽的環境，同時也要光線充足，否則真蘚容易變黑。室溫 25°C，照度 1500 ～ 2000lux。
2. 李氏櫻桃開完花之後的落花，要盡量撿除，以免影響瓶中生態。
3. 溼度部分要平衡細葉福祿桐和苔蘚對水分不同的需求，難度較高。可以只針對苔蘚給水，給水後通風，避免瓶中溼度過高，影響到怕溼的細葉福祿桐。

10 | 異星酷樂園

模仿仙人掌原生地的破碎地形，在岩石坡上種著高低起伏，形態各異的仙人掌，營造擬真的生態感，帶來與日常迥異的視覺衝擊，好像外星球一般。

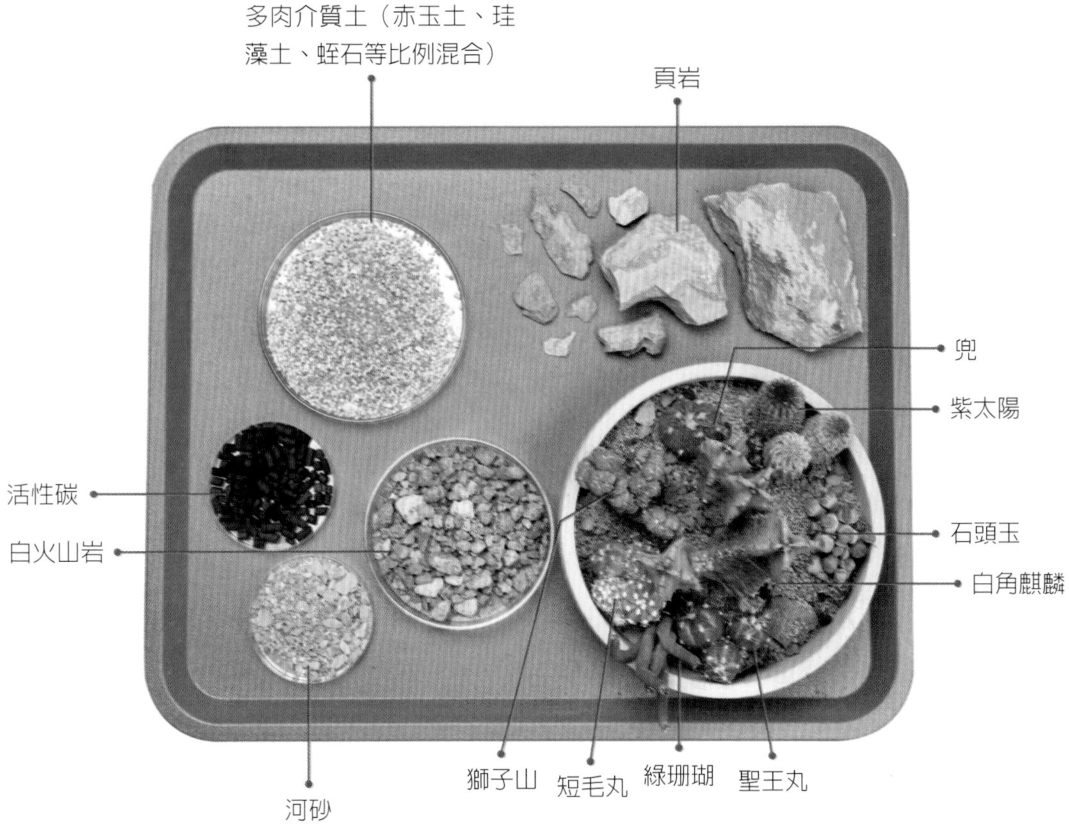

多肉介質土（赤玉土、珪藻土、蛭石等比例混合）
頁岩
兜
紫太陽
活性碳
白火山岩
石頭玉
白角麒麟
獅子山
短毛丸
綠珊瑚
聖王丸
河砂

How to make

01

在側開口的玻璃瓶底鋪一層白火山岩，再鋪一層活性碳。接著用多肉介質土蓋過石頭和活性碳，準備種入植物。

02

先在左上方植入白角麒麟。用土覆蓋植物根部，然後在它後方放置較大的頁岩，作為主視覺。

03

在石頭旁堆高多肉介質土，形成山坡，然後沿著玻璃壁依序種植物。先種獅子山。

04

然後由高至低，分別植入綠珊瑚、紫太陽和兜。

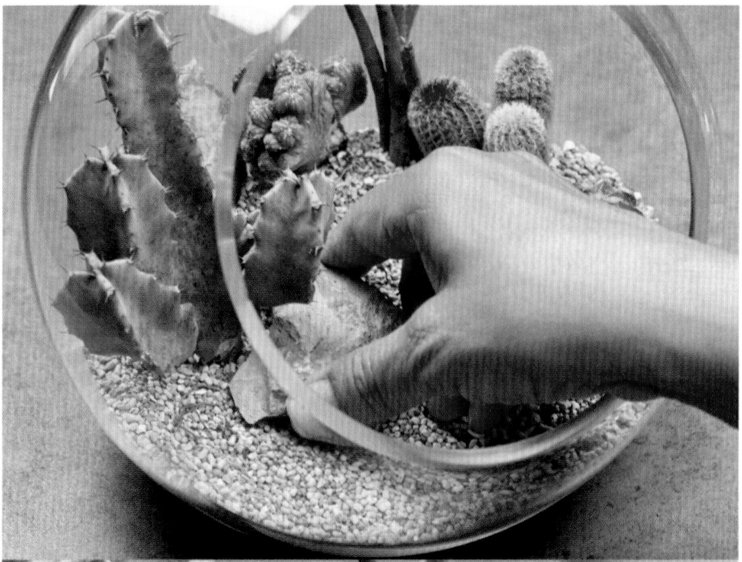

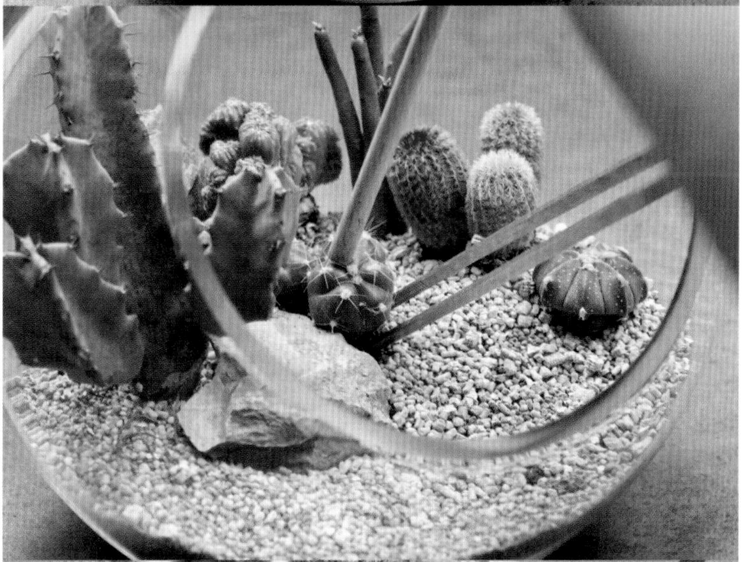

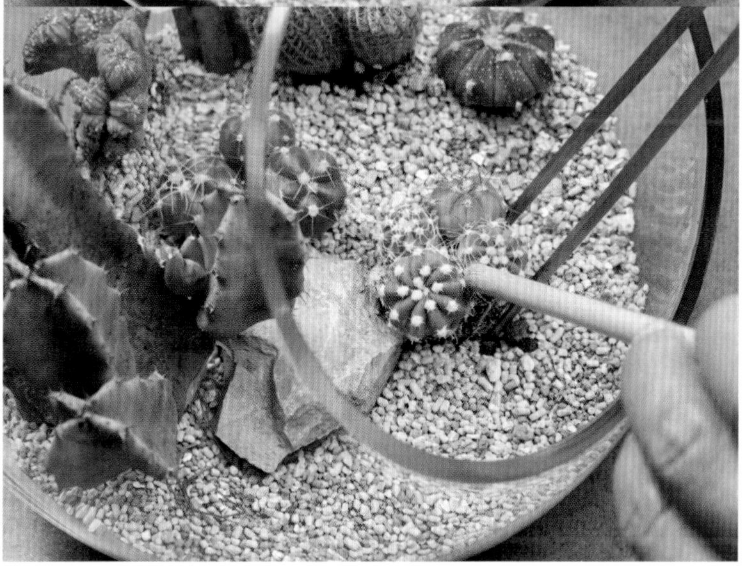

遠景完成後，要開始布置中景和近景。仙人掌為躲避沙漠酷熱，多長在岩石下方有陰影的地方，所以先在白角麒麟前面放一塊頁岩再來種植較矮小的仙人掌會更自然。依序植入聖王丸和短毛丸。

06

前景的部分就種可愛的石頭玉，種好之後旁邊擺一些碎的頁岩。

07

接下來著重在布置破碎地地形。將小片的頁岩放在植物下方和沒有種植物的地面。

08

在石頭的縫隙處撒上顆粒不均勻的河砂，讓粗礫的地表更自然。

09

用筆刷整理一下植物和地表紋理，就完成了。

1. 剛種好的仙人掌瓶中花園還不能馬上給水，因為在移植時仙人掌的根系多少會受到破壞而有傷口，要等 3～4 天傷口收乾後再給水。
2. 給水時要仔細觀察土壤顏色，均勻的變深色，但瓶底沒有積水，然後盡速使水分揮發，切忌澆水後植物長期處於溼熱環境，否則易導致腐爛。
3. 建議平常放在光線明亮處如窗邊或植物燈下照度約 2000lux，3～4 周給水一次。
4. 可置於室溫 30℃，亦可放在室外半日照環境。

COLUMN

修復與整理

瓶中花園的植物生長了一段時間就需要修剪整理，以免雜亂無章。建議至少每季整理一次，清潔瓶中環境，更換衰弱的植物並進行除蟲抑菌作業。

首先，在整理瓶中植物前先擦拭玻璃瓶，因為植物有許多分泌物，再加上瓶中高溼度環境，玻璃瓶壁可能滋養了藻類，最後變得不透明，甚至成為菌類的溫床。由於瓶壁看不清楚也很難整理，因此整理前要先清潔擦拭玻璃瓶。

▶整理瓶中花園前要先清潔擦拭玻璃瓶。

清潔瓶中花園的玻璃瓶時，可先用鑷子夾住溼紙巾一角，拉緊後深入瓶中擦拭玻璃，避免傷及植物。清潔魚缸用的刮藻刀或者料理用的矽膠刮刀也可以取代使用。建議擦拭前先噴一些糙米清潔酵素，不僅清潔效果會更好，而且還能抑菌，白醋稀釋液也具有同樣作用。

先噴一些糙米清潔酵素。

用鑷子夾住溼紙巾一角，拉緊後深入瓶中擦拭玻璃。

因為瓶中栽種的大多是草本植物，以及苔蘚、小灌木或種子植物，因此修剪難度相對較低，通常只要按照原來的造景，剪掉多出來的枝條或葉片就可以了。

▶修剪葉片時，從靠近莖部的葉柄處剪下。修剪多餘枝條時，也是剪到最靠近主幹的地方。

要讓植物變矮，只需在莖部生長點（芽點）上方一點位置剪去頂芽，讓新葉從這裡長出。像網紋草這類草本植物，如果剪下來的莖條帶有2～4個生長點，還可以插回土壤中扦插，成為新的植株。

如果瓶中植物有些已經枯萎，導致瓶中造景不再完整，可以在缺損處補種新的植物。補種的方法與一開始的種植步驟一樣，備妥已分株洗根的小植物，在欲補植處的土層挖開一個小洞，用鑷子夾住植物的根莖交界處插進土中，再用筆刷將旁邊多出來的土壤覆蓋住根部，若是土壤不夠就再加土覆蓋。

苔蘚部分，若有徒長或發黃現象影響到造景時，也可以修剪或更換。不過要特別提醒，補種植物之前要先判斷瓶中生態是否良好，例如瓶中植物仍然生長得很健康，且無散發出霉味、惡臭等異常，要是瓶中植物陸續死亡，甚至已經一段時間沒有植物了，那麼就代表瓶中生態可能已經不適合植物生長，這時最好不要再補種植物，以免無法存活。

在整理瓶中花園過程中，若想要更換造景，也可以移除一些植物。只要植物在瓶中是健康生長，那麼縱使移到瓶外種植也不會有太大問題，只需要度過轉換環境的適應期，重新馴化而已。

總之，只要維持瓶中生態良好，在植物生長一段時間後，就可以在瓶中花園進行扦插、移植等園藝活動，就像任何一個戶外小花園一樣。

每次整理瓶中花園時也能順便除蟲，針對土壤上、活動在植物體的蟲類噴灑葵無露（植物保鑣）這類油水混合劑，利用混合劑形成的油膜來悶死小蟲，若是在土壤下活動的小蟲，特別是軟體動物這類則可使用矽藻素。

為什麼建議瓶中花園在換季時做整理？因為部分季節性的草本植物可能一段時間後就死亡，或是無法度過休眠期而逐漸衰弱，這些狀況都會在換季時顯現出來。也就是說，瓶中植物的活力表現會隨著季節變化而有所不同。根據季節變化來調整瓶中植物的組合，會讓植物生活得更舒適，也會讓居家生活更富有變化和朝氣。

或許有人會問，瓶中花園需不需要施肥呢？由於瓶中花園空間有限，無法像種植蔬菜那樣追求肥美的葉片，因此這時植物健康是最重要的，施肥反而不必要。嚴格來說，優質的光線能夠促進植物生長，可能比施肥更重要，而且因為瓶中花園無法排水，施肥的化學物質累積在瓶中土壤反而可能影響生態。若要讓瓶中植物健康成長，無肥分的新形態營養液（如 HB-101）是專門用來促進植物再生活力，就很適合用在剛移植的植物，建議可比平常稀釋更多倍做使用（1：10000），若要在瓶中花園施用氮磷鉀肥，建議也按照這原則操作，濃度盡量淡薄，而且沒有必要經常施肥。

▲添加少許矽藻素可除蟲。

照護 Q&A

密閉式瓶中花園大概需要一個月時間形成自主循環的穩定生態。所謂循環，指的是像地球一樣的水循環，符合化學式的狀態。瓶中環境既不會過溼，也不會太乾，土壤維持一定的溼度，而且沒有積水。這也意味著，瓶中植物必須度過大約一個月的適應期。這段適應期的照護有四大重點：1. 光線充足；2. 不要過熱（勿超過攝氏 30℃）；3. 調整溼度；4. 養好菌。

剛種好的瓶中花園，要讓植物慢慢適應瓶中環境（馴化）。最好每天都能打開 20 ～ 30 分鐘透氣片刻，同時給予環境酵素（稀釋液），在瓶中慢慢培養起好菌環境。適應期可以酵素稀釋液的水分來代替給水，觀察瓶中土壤溼度和瓶身溼氣來控制分量，盡量維持土壤溼度的恆定（赤玉土顏色保持在深色），但不積水，等待植物產生足夠的能量進行水氣循環。大約二周後就可以減少給水（酵素稀釋液）的頻率，從每天一次到 2 ～ 3 天一次，甚至一周一次。

適應期間如果瓶中溼度太高，水氣多到影響植物觀察，這時可以打開並擦拭掉過多水分。等到一個月後，瓶中植物已經能夠生產自給自足的水分，便可以「補水」的概念來給水，在偶爾打開整理或觀察到瓶中土壤顏色變淺的時候補水，而不需要頻頻開蓋或給水，以免干擾瓶中生態。如果使用酵素稀釋液，就不需要另外給水，並且盡量使用純水或過濾水，以免自來水的氯影響瓶中生態，且自來水中過多的礦物質也會使玻璃瓶形成厚重水垢，影響觀賞。

Q 如何知道我的瓶中花園已經形成穩定生態？

A 植物如果健康的生長，葉片水分蒸散和根系吸收水分的推拉力是強勁的，瓶中水循環會穩定而順暢，因此如果觀察到瓶中植物已經超過 2 周沒有爛葉，甚至開始長出小芽，或者土壤層看得到白色的發根，且瓶身只有一些殘留的水氣，大部分水氣都凝結在瓶蓋和瓶底，以上這些都是瓶中生態穩定的訊號。

Q 什麼時間補水比較適當？

A 白天或晚上都可以補水，只要避免瓶底積水就可以了。用噴瓶比較能控制水量，但噴溼葉子不能馬上蓋起來，要通風片刻稍微晾乾葉片再蓋上，否則容易爛葉。用注水器可以只對準土壤或植物根部給水，但要避免一次澆太多，須小心地慢慢給水。

Q 一次要澆多少水？

A 觀察瓶中溼度。土壤層赤玉土的顏色變深，就是夠溼，赤玉土的顏色變淺，就是偏乾。溼度高就少給水，只需噴個二、三下，溼度低就多噴幾下。觀察玻璃瓶底部排水層的水氣（水珠顆粒），也能了解瓶中溼度。水珠越細微，表示瓶中溼度越小；反之，水珠越大顆，甚至相連成水痕，就表示瓶中溼度偏高。

水珠

Q 光線充足是什麼意思？

A 植物要有充足的光線才能行光合作用，健康的成長。新製的瓶中花園要找到一個符合生長條件的位置，光線至少要是能閱讀書報的亮度，以照度計測量，至少 1000lux。放在窗邊要距離夠近，但又不能晒到太陽。放在室內，燈光距離植物約 20 ～ 30 公分才會夠亮，用手掌測試會照出濃黑的陰影。如果使用植物燈，每天大約補光 8 小時。

Q 酵素稀釋液要用多久？

A 大約持續使用二周後，就能在瓶中建立好菌環境。但生態平衡並不是靜態的，瓶中的微生物環境有可能隨著季節、溫度、植物的生長而有所變化，經常使用環境酵素（益生菌），為瓶中注入好菌，可以減少植物感染病變、發霉、發爛、發臭的機率。

Q 為什麼我的瓶子一直都有很多水氣？

A 植物生長速度較慢或者玻璃瓶品質不佳，都有可能使瓶中花園看起來一直充滿水氣，無法有力的進行水氣循環。一些需要高光照的木本植物，如松柏類，進入到瓶中花園相當於半日照的生長條件，可能會活力不足，發根緩慢，所以水氣循環也變差。植物密度較高（如苔蘚瓶），也會產生較多的水氣，讓瓶子看起來比較溼，需要較多時間調整到平衡。

Q 瓶子裡發霉了怎麼辦？

瓶子裡長出一絲一絲白白的東西，大多數人稱它為「霉」，但其實它是菌絲，來自生態中的真菌。如果持續使用環境酵素，長出來的可能是不會侵蝕植物的真菌絲，只要用筆刷或溼紙巾擦掉，再噴一些酵素稀釋液，接著增加通風次數，讓其他的好菌去抑制它的活動。菌絲也可能是生態不平衡的訊號，不會馬上消失，要持續改善瓶中生態環境，例如降溫、加強光照、減少溼度等。如果生態感染了壞菌，那霉狀物就有可能是壞菌絲，會導致植物腐爛。若是局部清除後依舊持續發生腐爛現象，那就表示整瓶都受到感染，只能倒掉了。

Q 放在辦公室（冷氣房）的瓶子都霧霧的，怎麼辦？

A 瓶中植物釋放出來的水氣，在流回土壤以前，遇到冷空氣就會凝結成水。所以在冷氣房的瓶中花園有可能看起來都是煙霧裊繞，這時候可以稍微打開上蓋，留出一個透氣的縫隙，避免水氣過度凝結。也可以打開蓋子，稍微擦拭掉一些水氣。觀察瓶中土壤顏色的變化，一段時間後再補水。

Q 適應期間植物爛掉怎麼辦？

植物如果不適應瓶中環境，或者植株不健康、移植失敗，都有可能死掉或爛掉，這時要盡快清理，以免其他健康的植物感染壞菌，影響瓶中生態。另一種引起瓶中植物腐爛的原因，則是擺放環境的光照或溫度不適合，遇到此情況，建議將瓶中花園換到較涼爽的位置，並增加光照。

清掉腐爛的植物後，可給予酵素稀釋液以增加好菌，避免感染，並增加通風次數，一次不超過 30 分鐘，避免植物失水。

TIP 開放式瓶中花園的照顧

開放式瓶中花園的照顧重點，要針對不同的植物給予不同的水分條件，和密閉式生態瓶相比算是比較進階的栽培方式。

以土層的水分管理來區分，喜歡潮溼的植物如蕨類、苔蘚，要保持土壤溼潤，幾乎每天都要給水。它們也喜歡潮溼的空氣，如果玻璃瓶不夠包覆，就要經常噴水。但無論澆水或噴水，都要避免瓶底積水。如果是喜歡乾燥的仙人掌，則要保持土壤乾燥，可以3～4 周給一次水，重點是給完水後要盡快乾燥，避免水分在玻璃瓶裡停留太久，以免造成瓶內溼熱而悶傷了植物根部。

一般建議在夜間為仙人掌瓶中花園澆水，以尖嘴澆花器對準每棵植物給水，一邊仔細觀察土壤顏色的變化，澆到赤玉土顏色變深，避免積水即可，接著再放置到陽臺吹風或室內吹一晚電扇，第二天瓶中水分已減少很多，幾乎呈半乾燥狀態即可。

附錄　瓶中花園／生態瓶常用植物

蕾絲蕨

正式名稱為皺葉波士頓腎蕨。
很容易買到迷你品種，也很容易分株。適合疏鬆的土壤，耐陰，喜歡溫暖潮溼的環境，在瓶中花園栽培時，因溼度充分而能生長良好。在室外若溼度不足則可能有焦邊情形發生。

羅漢松種子盆栽

羅漢松種子培養的幼苗，有著可愛的狹長葉片，像小傘一樣打開。羅漢松屬於中性偏陰性的樹種，幼苗和成株都很耐陰、耐溼，喜歡略酸的土壤（如赤玉土），在瓶中適應良好。羅漢松的樹枝柔韌，易於塑型，常見於小品盆栽，也可以入瓶。

粉安妮（網紋草）

和其他品種的網紋草一樣，原生地為巴西雨林，不喜溼冷，冬天生長遲緩，如果盆土過於潮溼也很容易爛葉。網紋草不喜歡太強的光線，否則葉片會變白。喜歡土壤保持溼潤，因此非常適應瓶中生活。

綠網紋草

不同顏色的網紋草之一，生性更強健些。只要光線充足，就能展現低矮的匍匐性。生長適溫為 18 ～ 24 度，適合高溫、多溼環境。室外培養時澆水必須小心，如果讓盆土完全乾掉，那麼葉片就會失水而捲起來，若太溼，莖又容易腐爛。

紫丁香

又稱六月雪、滿天星，落葉灌木。花期 6 ～ 7 月。因枝葉纖細，質感以觀葉佳。在瓶中潮溼環境易長氣生根，可以修剪掉。

秋海棠

秋海棠品種衆多，以臺灣原生秋海棠分布在潮溼土壤或岩壁上的特性為例，就能推測出它們很能適應瓶中生活。不過，剛移植的秋海棠怕悶熱，最好連塊莖一起移植，適應後便會長出新葉。有些品種在瓶中扦插葉片也能培養成功。

光臘樹苗

常見於海拔 500 公尺左右的山地溪谷，為低海拔造林樹種，喜高溫多溼環境，適應性強。它的樹液是獨角仙喜愛的食物。光臘樹開白色的花，結狹長的翅果。種子培育的小苗，和成樹長得完全不像。成樹的葉片呈狹長尖尾，小苗的葉片卻呈橢圓形。葉片細小的光臘樹苗雖然小小的，卻有大樹的氣質，非常可愛。小苗長得太高時可以修剪頂芽，以便於長出分枝。

馬拉巴栗

生性強健，性喜高溫，耐旱，也相當耐陰。主要以種子繁殖，種子 2 ～ 3 天即可發芽，生長快速，可塑形。姿態彎曲的小苗，特別適合瓶中花園的造景。馬拉巴栗不喜歡潮溼滯水，在瓶中花園只要瓶底不積水，使用較疏水的礫質土（如赤玉土），就可以生長良好。

南天竹

小灌木，性喜高溫和半陰環境，生長緩慢，樹形優美。幼枝常為紅色，老後呈灰綠色，冬季時葉片也會變紅色，因此南天竹經常看起來色彩繽紛。南天竹多由種子培育，小苗的嫩葉也是紅色的，再加上造型迷你，能賦予瓶中花園造景更多變化。南天竹即使在室內燈光下也能生長良好，嫩葉成長後會慢慢由紅轉綠。

常春藤

藤本植物，多分枝，莖上有氣生根。喜歡明亮環境，耐陰性亦佳，可於室內以燈光養殖。溫度適宜時隨時可扦插繁殖，生長得太長可修剪，亦可摘心促其分枝。它的星形葉片和柔軟有型的枝條，再加上有各種顏色的品種，是製作瓶中花園很好的素材。

福祿桐

又稱南洋蔘，是常綠灌木或小喬木，有許多品種（照片為黃金福祿桐），對光線適應性很強，可以接受大太陽，也可以在室內窗邊，或僅靠燈光生長，是常見的室內植栽。福祿桐喜歡溫暖高溼環境，但不喜歡頻繁澆水和排水不良的盆土，瓶中溼度控制得宜，很好養殖。

鐵線藤

又名鈕扣藤，常綠木質藤本，因成株藤蔓色黑如鐵線而得名。栽培於全日照或半日照溫暖環境，可隨時修剪枯枝，或強剪促生新枝，栽培重點在於盆土要保持溼潤。雖耐陰，但若是光線太弱亦無法生長良好。扦插枝條即可繁殖。

臺灣香蘭

臺灣特有品種，外型嬌小可愛，既使沒有開花，葉片也十分討喜，是相當好種植的品種。在原生環境中，臺灣香蘭偏愛生長在水邊的樹枝上，穩定的高溼環境是其最愛。花期約 9 ～ 10 月。近年多有人工培育，在花市不難買到。

虎耳草

多年生草本，有細長鞭狀走莖，末端形成仔株，以走莖繁殖為主，生長快速。喜歡溫暖潮溼環境，耐陰性極強，忌曝晒與高溫乾燥。在室外冬季休眠的特性很明顯，在瓶中則無。虎耳草有很多品種和不同色彩，近期流行迷你品種 — 日本姬虎耳草，非常受到玩家喜愛。

小紅楓

又稱紅葉酢漿草，會開黃色小花，多年生草本。生長一年以上就有木質化的莖，看起來就像一棵小樹。喜歡半日照的溫暖環境和溼潤土壤，忌高溫。光線不足時葉片顏色會變淡。

武竹

中文名中雖有「竹」字，但卻不是竹，它是天門冬屬的植物，具叢生的橢圓形塊莖，可以儲水。長長的葉子上長滿了像似葉片的，其實是葉狀莖，由根際叢生，莖上小枝則發育成葉狀，真葉退化成鱗片狀。性耐陰，喜陰涼潮溼處。在瓶中造景取其造型類似松樹，可以經常修剪。

黃金絡石

枝條纖細，以莖蔓、氣生根攀爬生長。絡石自古就栽培於假山、石垣、牆壁上以美化觀賞。黃金絡石則是日本選育出來的園藝品種，被稱為「葉色美如花」，適合半日照或全日照環境，然而要是光照不足，葉色會由金黃轉為淡綠色。

達摩七里香

枝葉細小，植株也相當迷你。生性強健，生長緩慢，分枝性強、耐修剪。適當修剪後的達摩七里香像是迷你版的大樹姿態，喜歡光線和溫暖潮溼的環境，但也相當耐陰耐旱，是少數在瓶中也能持續開花的木本植物。

玉龍草

別名短葉書帶草、短葉沿階草，日本育出的園藝品種，為少數具有耐陰性的地被植物，廣泛用於日式庭園，種植於樹下、石組間或步道旁。其葉色濃綠，植株矮小，幾乎沒有莖，具有塊根，根系發達，根長可及 20 公分以上。選擇較幼小的植株進行分株，根系較小，也較容易種植在瓶中花園。以分株法繁殖，分生迅速，也用於盆景配植、迷你觀葉盆栽。

壽娘子

原產於恆春鵝鑾鼻，屬熱帶性植物，生長於山麓平野和濱海叢林，生長快速，容易培養，常見於小品盆栽。其橢圓形葉片較小，葉面厚實具光澤，枝幹柔軟易塑形。性喜高溫，溼潤多雨和光線充足的環境。在瓶中也可養植於室內燈光下。

翠米茶

山茶科柃木屬，全日照或半日照皆可，喜歡高溫、溼潤環境，耐陰性亦佳，且生長緩慢，是一種可以修剪造型的常綠灌木。葉片油亮有皮革似的質感，而且不會太大，比例很適合瓶中花園的微造景。

綠鑽羅漢松

新葉呈現嫩綠色般的花朵，非常討喜。小苗喜歡高溼環境，也很耐陰，只要以植物燈補光，就能適合瓶中環境。不同於其他松柏門的植物，羅漢松喜歡溫暖溼潤的氣候，因為枝條柔軟，也經常被人塑造成不同型態的盆景。

楓葉薜荔

跟碧荔一樣，只要有明亮散射光就能生長良好。其葉片形狀是有如楓葉般的掌狀，討人喜歡。楓葉薜荔喜歡溼潤的土壤，可以用水苔扦插繁殖。一旦缺水就會大量落葉，所以很適合在瓶中花園的保溼環境生長。生長快速可以經常修剪，並且要避免它攀附旁邊的植物。

迷你岩桐

植株很小，不超過 15 公分，幾乎全年都會開花（不過仍以春、秋兩季最盛）。它的需光性比大岩桐更低，明亮散射光即可，也可以使用人工光源（日光燈）栽培。環境溼度低於 50，它的葉片就會捲曲焦邊。迷你岩桐地下部會長出塊莖，所以要使用排水良好的介質如赤玉土等，以免塊莖腐爛。

國家圖書館出版品預行編目（CIP）資料

生態瓶 & 微景觀玻璃盆景 ： 打造你的 TERRARIUM
／羅如蘭作． -- 初版． -- 臺中市 ： 晨星出版
有限公司， 2024.07
面 ；　公分（自然生活家 ； 53）
ISBN 978-626-320-831-5（平裝）

1.CST: 盆栽 2.CST: 觀賞植物 3.CST: 園藝學

435.11　　113004879

詳填晨星線上回函
50 元購書優惠券立即送
（限晨星網路書店使用）

生態瓶 & 微景觀玻璃盆景：打造你的 TERRARIUM

作者｜羅如蘭
主編｜徐惠雅
執行主編｜許裕苗
版型設計｜許裕偉
封面設計｜陳語萱
攝影｜程延華、彭譯嫺（P.11）

創辦人｜陳銘民
發行所｜晨星出版有限公司
台中市 407 工業區三十路 1 號
TEL：04-23595820　FAX：04-23550581
E-mail：service@morningstar.com.tw
http：//www.morningstar.com.tw
行政院新聞局局版台業字第 2500 號
法律顧問｜陳思成律師
初版｜西元 2024 年 07 月 06 日

總經銷｜知己圖書股份有限公司
106 台北市大安區辛亥路一段 30 號 9 樓
TEL：02-23672044 / 23672047　FAX：02-23635741
407 台中市西屯區工業 30 路 1 號 1 樓
TEL：04-23595819　FAX：04-23595493
E-mail：service@morningstar.com.tw
網路書店 http://www.morningstar.com.tw
讀者服務專線｜02-23672044 / 23672047
郵政劃撥｜15060393（知己圖書股份有限公司）
印刷｜上好印刷股份有限公司

定價 450 元

ISBN 978-626-320-831-5